Enayat Elqady
Eman El-said

Insectos de escamas moles

Enayat Elqady
Eman El-said

Insectos de escamas moles

ScienciaScripts

Imprint

Any brand names and product names mentioned in this book are subject to trademark, brand or patent protection and are trademarks or registered trademarks of their respective holders. The use of brand names, product names, common names, trade names, product descriptions etc. even without a particular marking in this work is in no way to be construed to mean that such names may be regarded as unrestricted in respect of trademark and brand protection legislation and could thus be used by anyone.

Cover image: www.ingimage.com

This book is a translation from the original published under ISBN 978-620-7-65291-4.

Publisher:
Sciencia Scripts
is a trademark of
Dodo Books Indian Ocean Ltd. and OmniScriptum S.R.L publishing group

120 High Road, East Finchley, London, N2 9ED, United Kingdom
Str. Armeneasca 28/1, office 1, Chisinau MD-2012, Republic of Moldova, Europe
Printed at: see last page
ISBN: 978-620-7-74693-4

Soft scale insects
By
Dr.Enayat Mohamed Elqady
Doctor of fauna and insect ecology
Dr. Eman El- Said
Doctor of General Entomology
2024

Em primeiro lugar, agradecemos a Alá por nos permitir fazer as coisas que sempre quisemos e por nos facilitar tudo. Agradecemos a Alá por nos ter permitido fazer as coisas que sempre quisemos e por nos ter facilitado tudo, e pedimos-lhe perdão e orientação.

Dr. Enayat Elqady

Dr. Eman El-Said

Índice

INTRODUÇÃO

Os insectos de escamas moles (Hemisfério: Cicadae) são a terceira maior família da superfamília (Coccidian) depois das escamas blindadas e das cochonilhas. Existem mais de 1183 espécies descritas em aproximadamente 169 géneros **(Garcia Morales *et al.* 2018)** e **(Ben-Dove *et al.* 2014).** Os insectos de escamas moles ocorrem em todas as regiões geográficas do mundo **(Ben-Dove, 1993).** No Egito, Cicadae é a terceira família de Coccidian, apresentada com 28 espécies pertencentes a 15 géneros e três subfamílias **(Mohammad e Mo arum, 2013).** Recentemente, as plantas ornamentais desempenham um papel importante na economia nacional **(Abdel-Raze, 2000).** A importância económica do grupo é talvez consideravelmente subestimada porque as infestações isoladas em plantas ornamentais são geralmente ignoradas e a morte de uma planta é frequentemente atribuída a outras causas. Para além da perda de seiva da planta causada pela alimentação, estas cochonilhas eliminam uma grande quantidade de melada que serve de meio para o crescimento de fungos fuliginosos. Estes fungos não só inibem a fotossíntese como, devido ao seu aspeto sujo ou fuliginoso, fazem com que as plantas ornamentais percam o seu valor estético **(Williams & Kosztarab, 1972; Hamon & Williams, 1984 e Wu, 2009).** Um dos principais problemas no manejo de cochonilhas moles diz respeito à dificuldade de sua identificação devido ao seu pequeno tamanho e alto grau de similaridade. Além disso, o inchaço geral do corpo e a esclerotização do dorso com o aumento da maturidade das cochonilhas moles tornam frequentemente impossível a identificação deste grupo **(Hodgson, 1994).** A identificação morfológica é possível mas difícil; requer um elevado nível de especialização e a identificação das espécies de cochonilhas moles depende apenas das fêmeas adultas, que nem sempre se encontram no campo ou nos produtos comerciais. Além disso, mesmo quando as fêmeas adultas são examinadas, é por vezes difícil distingui-las, especialmente entre espécies muito semelhantes **(Wang et al. 2015 e Gwiazdowski et al. 2011).** Estas dificuldades resultaram numa falta geral de conhecimentos para a identificação taxonómica em grande escala **(Gullan et al. 2003 & Gullan e Cook 2007)** e, provavelmente, em erros generalizados na gestão, com a implementação de métodos de controlo que são inadequados para as espécies realmente presentes na **área** alvo **(Varela *et al.* 2006).** Recentemente, o uso de técnicas moleculares modernas é utilizado como uma ferramenta para identificar espécies, bem como para estudar as relações filogenéticas entre diferentes taxa. Estas técnicas facilitam a identificação destes insectos. Neste estudo, foi desenvolvido um método molecular para distinguir rapidamente e com precisão os insectos de escamas moles, juntamente com a análise morfológica. Foram analisados alguns dados ecológicos para complementar a imagem dos insectos de escamas moles em estudo.

Espécies de cochonilhas em plantas ornamentais no Egipto.

Dezasseis espécies de cochonilhas moles pertencentes a três subfamílias e onze géneros foram registadas em cinquenta e quatro espécies de plantas ornamentais hospedeiras pertencentes a vinte e sete famílias de diferentes localidades no Egipto entre 2016 e 2018.

Subfamília: Ceroplastinae

I- Ceroplastes floridensis

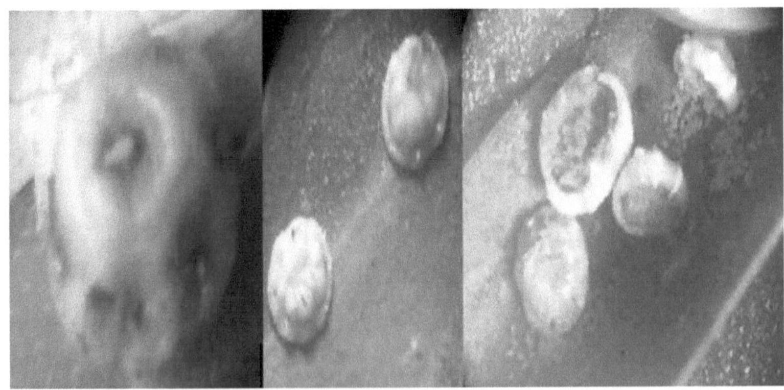

2-Ceroplastes rusci

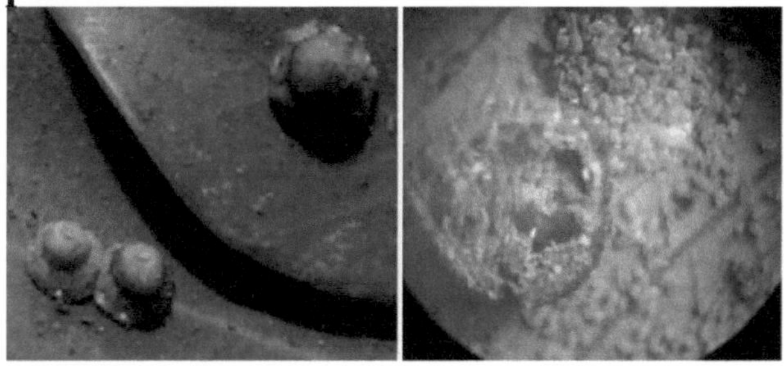

SubfamíliaCoccinae

Tribo: Saissetiini

3- Saissetia oleae (Oliver,1791)

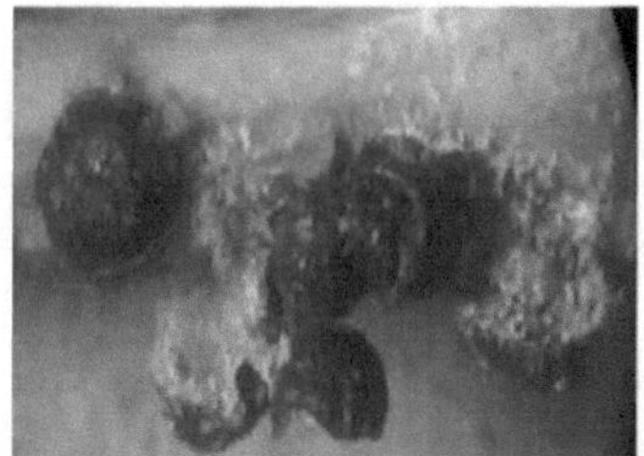

4- Saissetia coffeae(Walker, 1852)

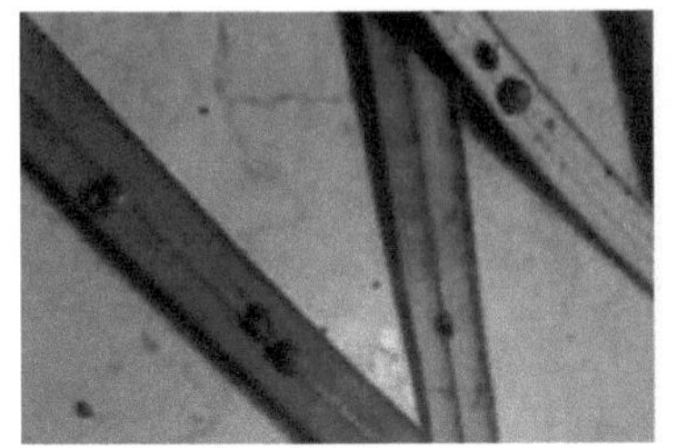

5- *Parasaissetia nigra* (Nietner, 1861)

Tribo : Coccini

6- Eucalymnatus tessellatus

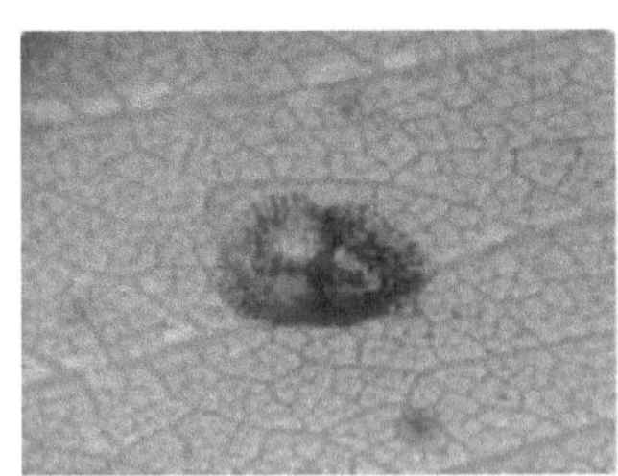
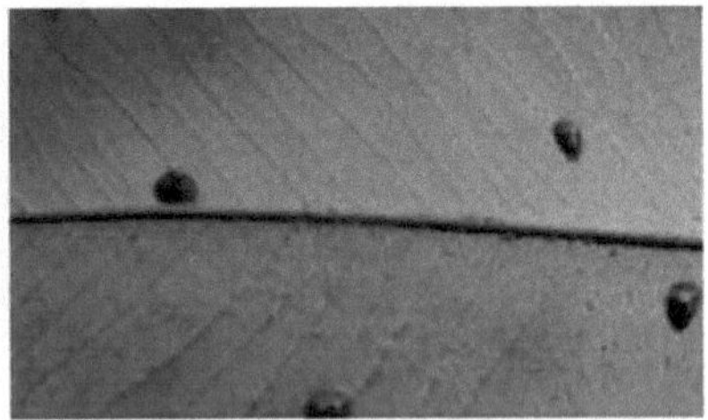

7-Coccus hesperidum

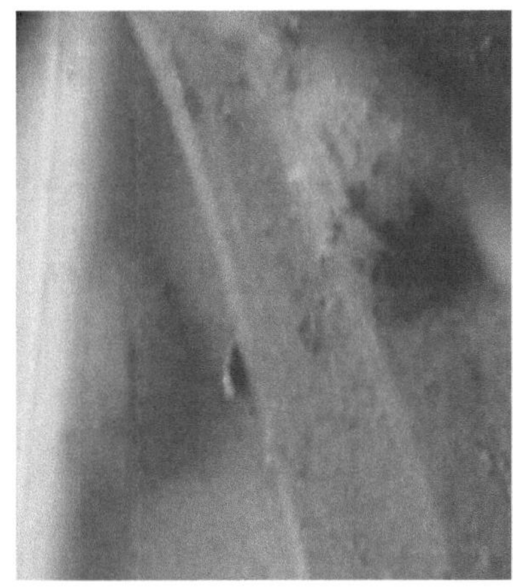
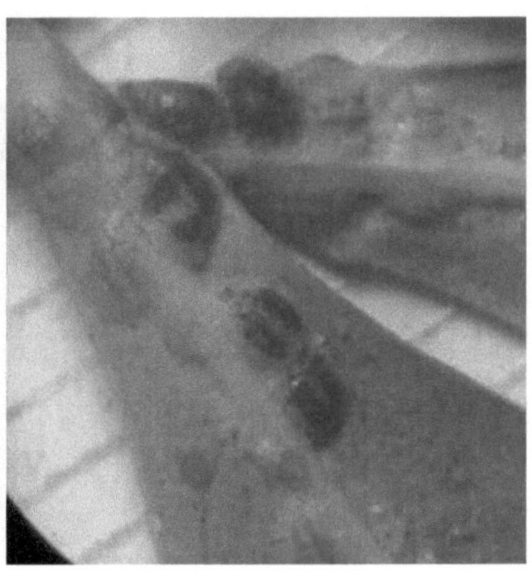

Tribo: Pulvinariini

8-Miviscutulus mangiferae (Verde)

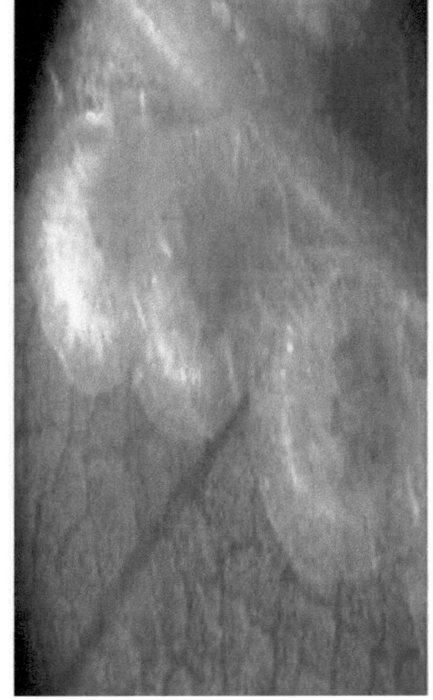

O presente livro tem por objeto as cochonilhas moles, sobre as quais escrevo oito de dezasseis espécies de cochonilhas moles, designadas por *(Ceroplastesfloridensis-Ceroplastes rusci- saissetia oleae-saissetia coffeae-parasaissetia nigra - Eucalymnatus tessellatus-coccus hesperidum- Milviscutulus mangiferae)*

1- Explica as características gerais (tamanho, forma, cor, ...).

2- Explica a biologia e o ciclo de vida e as suas diferentes fases (ovo, ninfa, adulto).

3- Mostra os hospedeiros e a distribuição de cada espécie.

4- Mostra a classificação científica de cada espécie.

5- Explica a importância económica de cada espécie.

6- Explica a infestação e a gestão (controlo biológico, cultural e químico).

1 - Ceroplastes floridensis

Esta espécie está amplamente distribuída em diferentes localidades e infesta uma vasta gama de plantas hospedeiras. Durante o presente trabalho, foram recolhidos exemplares desta espécie em dez espécies de plantas ornamentais de cinco províncias

1- *Taxonomia:*

Classe: Insectos

Ordem: Hemiptera

superfamília: Coccidea

Família: Coccidae

Subfamília:ceroplastinae

por exemplo, *Ceroplastes floridensis*

Nome Comum:-escama de cera da Flórida

2- *Distribuição :*

Pensa-se que a cochonilha da Flórida é originária da região neotropical setentrional e ocorre atualmente em todo o mundo, incluindo, mas não se limitando, aos seguintes países:

África: Argélia, Egipto, Quénia, Líbia, Madagáscar, Madeira, Maurícia, Marrocos, Moçambique, Seychelles, Serra Leoa,

Sudão, Tanzânia, Uganda

Ásia: Ilhas Bonin, Brunei, China, Chipre, Índia, Irão, Israel, Japão (incluindo as ilhas Ryukyu), Coreia, Líbano, Malásia, Paquistão, Sri Lanka, Síria,

Taiwan, Turquia e os países membros mais meridionais da antiga União das Repúblicas Socialistas Soviéticas

Australásia e Ilhas do Pacífico: Austrália, Ilhas Carolinas, Ilhas Marianas, Nova Zelândia

América Central e Caraíbas: Costa Rica, Guatemala, Honduras, Panamá, Índias Ocidentais

Europa: França (incluindo a Córsega), Grécia, Itália (incluindo a Sicília), Malta, Espanha

América do Norte: México, Estados Unidos

América do Sul: Brasil, Colômbia, Equador, Guiana, Venezuela (CABI 1982)

3-Descreve:

Adultos:

As fêmeas adultas de escamas de cera da Florida são elípticas, castanho-avermelhadas com um processo anal curto **(Hamon e Williams 1984),** e variam entre 2 e 4 mm de comprimento e 1 e

3,5 mm de largura. Cada fêmea tem um corpo avermelhado que é revestido por uma camada espessa de cera branco-rosada. Não são conhecidos machos nesta espécie **(Futch *et al.*, 2009).**

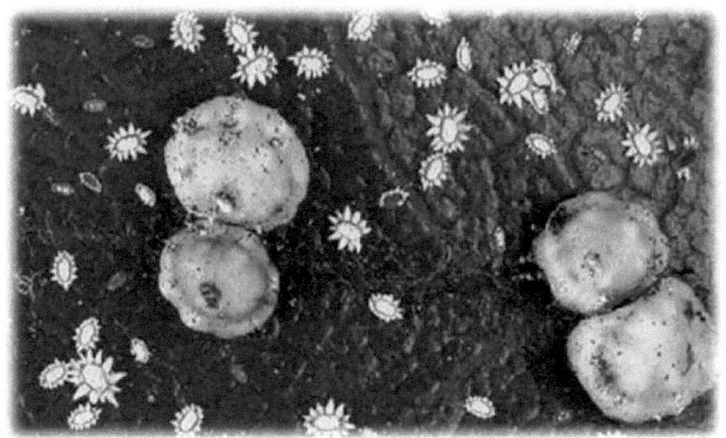

Adultos e primeiros instares da cochonilha-da-cera da Florida, *Ceroplastes floridensis* Comstock.

Ovos: Os ovos são cor-de-rosa a vermelho-escuro e são postos sob a cobertura de cera da fêmea adulta.

Ninfas: Os primeiros instares são cor-de-rosa e têm pernas funcionais. O segundo e terceiro instares segregam uma cobertura de cera à sua volta, dando-lhes um aspeto de estrela.

Rastejante (instar rosa - segundo a contar da direita) e ninfas estabelecidas da cochonilha-da-cera da Florida, *Ceroplastes floridensis* Comstock.

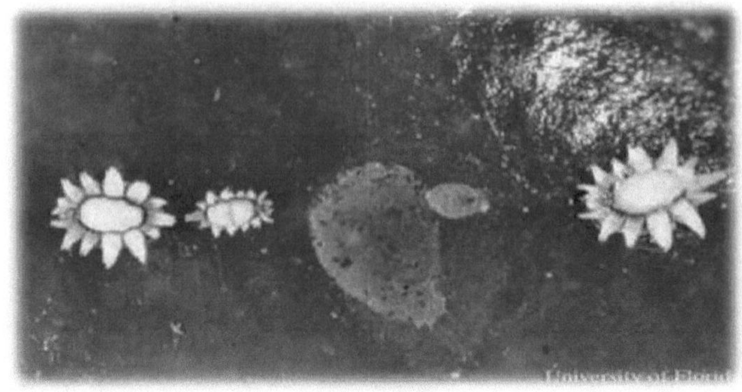

4- Ciclo de vida e biologia:

Três gerações da cochonilha da Flórida ocorrem na Flórida **(Johnson e Lyon 1991),** mas duas gerações por ano são comuns em toda a sua distribuição global. Cada geração dura cerca de três a quatro meses. A primeira geração ocorre em abril e maio, a segunda em julho e agosto e a terceira em outubro e novembro. Existem três instares **(Drees *et al.* 2006).** Os primeiros instares (rastejantes) eclodem após duas a três semanas de desenvolvimento dos ovos, saem de debaixo da fêmea, dispersam-se e instalam-se noutras folhas, caules e ramos para começarem a alimentar-se e a segregar cera à volta do corpo. As escamas que se instalam nas folhas alinham-se frequentemente ao longo da nervura central da folha **(Drees *et al.* 2006).** As ninfas mais velhas podem deslocar-se dentro da mesma planta à procura de novos focos de crescimento para se alimentarem. A cochonilha-da-cera da Flórida também pode hibernar como fêmeas recém-maduras **(Drees *et al.* 2006).**

5-Apresenta-te:

Esta cochonilha é considerada uma das principais pragas dos citrinos *(Citrus* spp.) em toda a sua área de distribuição. Na Flórida, também infesta uma variedade de plantas, incluindo: abacate, *Persea Americana,* murta-da-índia, *Lagerstroemia* spp. cedro deodar, *Cedrus deodara.*

6-Importância económica:

Os danos directos são causados pelas ninfas que inserem as suas peças bucais no tecido vegetal e retiram grandes quantidades de fluidos vegetais. As infestações intensas podem provocar a descoloração das folhas, a queda prematura das folhas e a morte dos ramos. A morte da planta também é possível. Como resultado de as cochonilhas consumirem tanto fluido vegetal, excretam uma quantidade considerável de uma melada açucarada e pegajosa, que depois é colonizada por um fungo fuliginoso **(Argov *et al.* 1987).**

O bolor fuliginoso pode causar uma redução significativa da fotossíntese e do valor estético **(Hodges *et al.* 2000).** Outros insectos são também atraídos e alimentam-se da melada, incluindo várias abelhas, vespas do papel, vespas, formigas de veludo, formigas-de-fogo importadas e outras espécies de formigas.

A figura mostra o bolor fuliginoso nas folhas do azevinho.

7- Gestão:

<u>Controlo biológico.</u> Sabe-se que três parasitóides atacam a cochonilha-da-cera da Flórida em algumas partes dos Estados

Unidos. São eles: *Coccophagus lycimnia* (Walker) (Aphelinidae), *Metaphycus eruptor* Howard (Encyrtidae), e *Scutellista cynea* Motschulsky (Pteromalidae) **(Drees *et al.* 2006).**

-Controlo cultural. Quando comprares qualquer material vegetal para instalação numa paisagem, certifica-te de que cada planta está livre de pragas. Poda e destrói as partes infestadas das plantas. Ao plantar, instala-as num local adequado à sua duração de luz e às necessidades do tipo de solo. Minimizar as espécies ou variedades de plantas propensas a pragas numa paisagem é importante quando se tenta reduzir o uso de pesticidas. Por exemplo, os azevinhos susceptíveis (por exemplo, azevinho 'Burford') podem ser substituídos por espécies resistentes, como *Ilex buergeri, Ilex crenata, Ilex glabra, Ilex myrtifolia, Ilex verticillata* e *Ilex vomitoria* (Hodges et al. 2000). Considera o zimbro, o ligustro, o alfeneiro, a murta de cera ou o buxo como plantas alternativas. Usa a quantidade adequada de irrigação e fertilização com base nas necessidades de cada espécie ou variedade de planta (**Drees *et al.* 2006**).

-Controlo químico. Os insecticidas sistémicos aplicados no solo sob a forma de drench ou pulverizados sobre a folhagem podem controlar eficazmente as infestações de cochonilhas. Quando se tratam plantas com folhas cerosas, como o azevinho, pode ser necessário adicionar um espalhante ou óleo de horticultura.

Algumas cochonilhas podem permanecer na planta, mortas, depois de terem sido tratadas com um inseticida. Uma maneira simples de verificar se o tratamento funcionou é esmagar uma cochonilha e ver se ainda está suculenta (= viva) ou se está seca e morta.

2 - Ceroplastes rusci

Embora amplamente distribuída em todo o mundo, a cochonilha da figueira, *Ceroplastes rusci* (Linnaeus), foi descoberta pela primeira vez na Flórida em vários viveiros e comerciantes de plantas em 1994 e 1995. Tem sido uma praga de *Ixora* spp. e raramente encontrada noutras plantas hospedeiras. Antes das descobertas na Florida, o Departamento de Alimentação e Agricultura da Califórnia tinha intercetado espécimes provenientes da Florida.

Figura 1. Fêmea adulta da escama de cera do figo, *Ceroplastes rusci* (Linnaeus).

Fotografia de Doug Caldwell, Universidade da Florida.

2- Taxonomia:

Classe:inseto

Ordem:Hemiptera

Super família:coccidae

Família:coccidae

Subfamília:ceroplastinae
por exemplo: ***Ceroplastes rusci***

Nome comum: Escama de cera do figo

3- Distribuição.·

Talhouk (1975) relatou a presença desta escala na região mediterrânica (Argélia, Chipre, Egipto, Grécia, Israel, Itália, Líbano, Marrocos, Espanha, Tunísia e Turquia) e na Argentina. Relatórios mais recentes referem também:

África: Argélia, Angola, Ilhas Canárias, Cabo Verde, Egipto, Eritreia, Etiópia, Gana, Quénia, Líbia, Madeira, Marrocos, Príncipe, São Tomé, Senegal, África do Sul, Sudão, Tanzânia, Tunísia, Zâmbia, Zimbabué Ásia: Afeganistão, Índia (Bihar, Karnataka, Kerala), Irão, Iraque, Israel, Jordânia, Líbano, Arábia Saudita, Síria, Emirados Árabes Unidos, Vietname

Australásia e Ilhas do Pacífico: Austrália (Território do Norte), Papua

América Central e Caraíbas: Antígua, República Dominicana, Porto Rico, Ilhas Virgens

<u>Europa</u>: Albânia, Açores, Ilhas Baleares, Córsega, Creta, Chipre, França, Gibraltar, Grécia, Itália, Malta, Portugal, Sardenha, Sicília, Espanha, Turquia, Jugoslávia

Na América do Norte, parece que só está estabelecida na Florida (Estados Unidos) (Hodges et al. 2005).

4- Descreve:

Esta escama está profundamente envolta em cera cinzento-rosada, que se divide em três placas de cera de cada lado, com placas adicionais nas extremidades anterior e posterior. A única placa dorsal grande tem um núcleo central. As placas dorsal e lateral estão separadas umas das outras por linhas vermelho-escuras, que são a cor do corpo da escama por baixo da cera. As placas ântero-lateral e mediolateral têm um pouco de cera branca que indica as bandas de cera estigmática.

A figura mostra uma fêmea adulta da escama de cera do figo, *Ceroplastes rusci* (Linnaeus).

5-Biologia :

A biologia da cochonilha da figueira não foi estudada na Flórida, mas foi descrita em figueiras em Israel (Bodkin 1927). Em geral, as fêmeas adultas passam o inverno nos galhos e produzem ovos no início da primavera. Os ovos eclodem em lagartas que se deslocam para se alimentar das folhas. Após cerca de um mês, os rastejantes transformam-se em ninfas de 2º instar e migram para os pecíolos das folhas ou para os rebentos novos. A maturidade é atingida no verão e é produzida uma nova geração de lagartas. Estas ninfas amadurecem no final do outono, passam o inverno nos ramos e repetem o ciclo (Bodkin 1927). Swailem e Awadallah (1973) relataram que as escamas estão igualmente presentes nas superfícies superior e inferior das folhas em figueiras no Egipto.

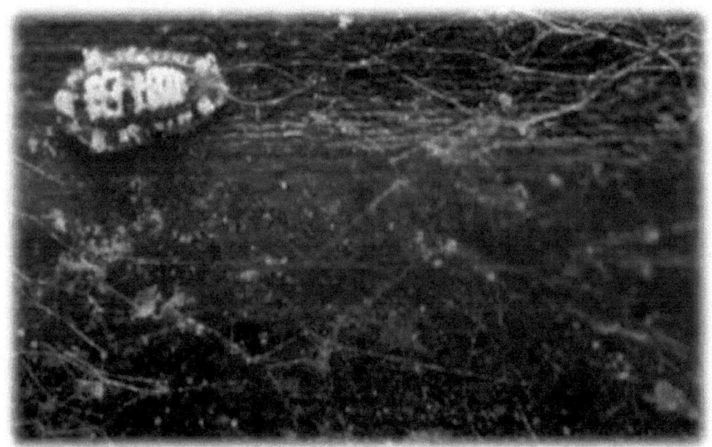

A figura mostra a ninfa da cochonilha da figueira, *Ceroplastes rusci* (Linnaeus). Fotografia da Division of Plant Industry, Florida Department of Agriculture and Consumer Services. www.insectimages.org.

6- Plantas hospedeiras :

A cochonilha da figueira foi registada numa vasta gama de plantas hospedeiras, incluindo as seguintes famílias:

Anacardiaceae *(Mangifera indica, Schinus terebinthifolius)*

Annonaceae *(Annona cherimoya, Annona muricata, Annona squamosa)*

Apocynaceae *(Nerium oleander, Thevetia peruviana)*

Aquifoliaceae *(Ilex aquifolium)*

Araliaceae *(Hedera helix)*

Balsaminaceae *(Impatiens sultani)*

Compositae *(Artemisia* spp.)

Convolvulaceae *(Convolvulus* spp., *Ipomoea batatus}*

A cochonilha da figueira também foi encontrada a alimentar-se de *Citrus sinensis* e *Citrus reticulata* na Grécia (Argyriou e Mourikis 1981). Na Florida, foram identificados exemplares desta cochonilha em *Annona squamosa* (maçã-de-açúcar), *Mimusops roxburghiana* (mimusops), *Phoenix roebelenii* (tamareira pigmeia) e *Ixora* spp.

7- Importância económica :

A cochonilha da figueira foi assinalada como praga dos citrinos em Itália (**Talhouk, 1975**). Infestações locais pouco frequentes e importantes nas zonas de produção de citrinos de Itália foram controladas com óleos de petróleo refinados (**Barbagallo, 1981**).

8- Gestão

Como em *Ceroplastes floridences*

<u>Luta química</u>: A praga pode ser controlada com organofosforados ou óleos minerais brancos, aplicados durante a emergência das lagartas susceptíveis.

<u>Controlo biológico</u>: Esta praga é atacada por muitos endoparasitóides, dos quais Aprostocetus ceroplastae e Scutellista caerulea (anteriormente conhecida como Scutellista

cyanea) (pteromalidae) são os mais importantes. Um fungo entomopatogénico, Alternaria sp., matou cerca de 75% dos ovos de cochonilhas no Egipto.

3 - Saissetia oleae

A cochonilha negra, *Saissetia oleae* (**Olivier, 1791**) (Hemiptera: Coccidae) é uma praga importante dos citrinos e da oliveira. Originária da África do Sul, esta cochonilha está agora distribuída por todo o mundo. Na Flórida, a cochonilha negra encontra-se nos citrinos *(Citrus* spp.), na oliveira cultivada *(Olea europaea* L.), no abacateiro *(Persea americana* Mill.) e em muitas plantas de paisagem populares. É provável que a cochonilha negra, como muitas pragas invasoras, tenha sido importada para os Estados Unidos em plantas infestadas de viveiros. Devido ao seu pequeno tamanho e ao seu ciclo de vida único, estas cochonilhas são difíceis de detetar e controlar.

1- Taxonomia:

-Classe:Insecta
-Ordem:Hemiptera
-Super família:coccidea
-Família:coccidae
Subfamília:coccinae
por exemplo,:Saissetia oleae

-Nome comum:-Escama negra -Escama de azeitona

2- Descreve:

Fêmea adulta da cochonilha negra, *Saissetia oleae* (Olivier) em oliveira cultivada *(Olea europaea* L.).

3- **Distribui:**

A cochonilha negra tem uma distribuição cosmopolita, com registos na Europa, Ásia, África, Australásia, Ilhas do Pacífico e nas Américas **(CABI, 1954).**

4- Biologia:

Fêmea adulta da cochonilha negra, *Saissetia oleae* (Olivier) em oliveira cultivada *(Olea europaea* L.).

As fêmeas de escamas negras depositam os ovos de abril a setembro e, tal como outras espécies do género *Saissetia,* protegem-nos debaixo do corpo até eclodirem (figura 1). Cada fêmea pode depositar de algumas centenas a mais de 2.500 ovos **(Tena *et al.* 2007).** O tempo de incubação dos ovos varia em função da temperatura, sendo que os ovos postos no verão eclodem em 16 dias e os ovos postos no inverno demoram até seis semanas a eclodir.

A cochonilha negra tem normalmente uma ou duas gerações por ano, mas já foram observadas três gerações em certas regiões. A reprodução é maioritariamente partenogenética (um tipo de reprodução assexuada em que os ovos se desenvolvem sem fertilização), embora tenham sido registados machos.

As figuras mostram ninfas da cochonilha negra, *Saissetia oleae* (Olivier), a rastejar sobre fêmeas adultas e sobre oliveiras cultivadas *(Olea europaea* L.).

A primeira fase ninfal, ou imatura, das cochonilhas é conhecida como rastejante (Figura 2). Trata-se de uma das duas fases móveis da cochonilha (a outra é o macho adulto alado, se existir). Após a eclosão, as lagartas deslocam-se para a planta. As lagartas podem estabelecer-se nas folhas (Figura 3), nos frutos ou nas partes lenhosas jovens da planta hospedeira e, uma vez instaladas, inserem as suas peças bucais no tecido vegetal e começam a alimentar-se. Passam por duas mudas antes de atingirem a fase adulta e passarem para as partes lenhosas mais velhas da planta para se alimentarem. O corpo da fêmea adulta da cochonilha negra continua a expandir-se e acaba por endurecer, formando uma estrutura semelhante a uma concha que serve para proteger os ovos e as ninfas. Os adultos raramente se deslocam do seu local de alimentação estabelecido, normalmente em material vegetal lenhoso. Em caso de infestações graves, as fêmeas podem desenvolver-se nas superfícies inferiores das folhas da planta hospedeira.

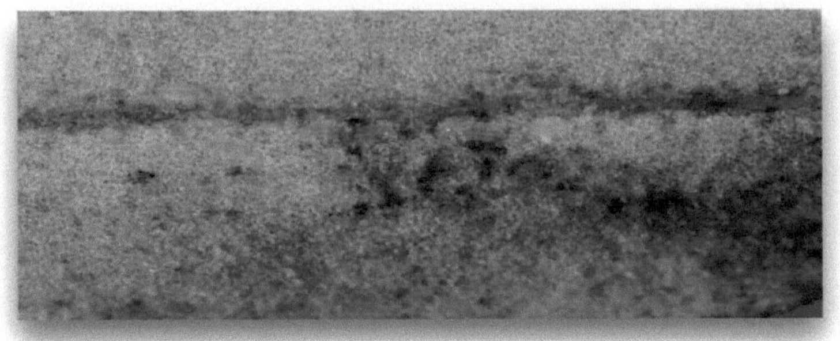

A figura mostra ninfas da cochonilha negra, *Saissetia oleae* (Olivier), numa folha de oliveira cultivada *(Olea europaea* L.) Créditos.

A dinâmica da população de cochonilhas negras é altamente influenciada por factores abióticos. As alterações da temperatura e da humidade relativa, em particular, afectam grandemente a idade e o tamanho da população de cochonilhas negras. Condições temperadas com humidade elevada favorecem o crescimento da população da cochonilha negra e um período prolongado deste tipo de clima pode levar a surtos. De acordo com **Tena *et al.* 2007,** as ninfas de primeiro instar sofrem uma mortalidade elevada quando as temperaturas excedem os 30°C e a humidade relativa é superior a 30%. A cochonilha negra passa o inverno como ninfas de segundo ou terceiro instar, que são mais resistentes às condições climatéricas adversas do que os ovos ou as ninfas de primeiro instar.

Em Israel, foram encontradas populações mais elevadas de cochonilha negra nas oliveiras de regadio do que nas de sequeiro. Foram observadas duas gerações na oliveira de regadio e em alguns pomares de citrinos. Uma geração foi encontrada em oliveiras e citrinos de sequeiro. É provável que os olivais de regadio tenham uma humidade relativa mais elevada, o que favorece o desenvolvimento de cochonilhas. Outra explicação, apresentada por **Rosen *et al.* (1971)**, é que *Sassieta oleae* é, na realidade, um complexo de espécies, com várias estirpes diferentes que têm diferentes histórias de vida mas são morfologicamente indistinguíveis.

5-Plantas hospedeiras :

Azeitonas com infestação de cochonilha negra

A cochonilha negra foi registada em citrinos, azeitonas, damascos, oleandros e outros hospedeiros na Califórnia. Na Flórida, a cochonilha negra foi registada como praga de citrinos, abacateiros, oliveiras, frutos tropicais e plantas de paisagem. A cochonilha negra é particularmente preocupante para os produtores de citrinos e de azeitonas na Flórida. A arquitetura das plantas é uma caraterística importante para a seleção do hospedeiro da cochonilha e parece que a cochonilha negra prefere árvores com ramificações densas, especialmente quando as árvores estão plantadas perto umas das outras.

Rosen *et al.* (1971) registaram danos em oliveiras em Israel devido a surtos de cochonilha negra. Sugeriram que os surtos se deviam a uma perturbação da comunidade de insectos e à redução dos insectos benéficos causada pela utilização intensiva de pesticidas não selectivos para o controlo de *Dacus oleae* (Gmelin), a mosca da azeitona.

6- Importância económica:

As cochonilhas negras alimentam-se fixando-se às folhas e ramos da planta hospedeira e sugando a seiva do interior do tecido vegetal. Dependendo da gravidade da infestação de cochonilhas, os danos resultantes para a planta podem variar. À medida que as cochonilhas se alimentam, expelem uma substância pegajosa e açucarada, chamada melada, como produto residual. A melada cai do local de alimentação e cobre as folhas e os frutos da planta hospedeira ou as superfícies próximas, o que favorece o crescimento de bolor fuliginoso (Figura 4). O bolor fuliginoso é um fungo preto que cresce numa camada fina sobre o substrato onde existe melada. Embora o bolor não seja tóxico para as plantas ou para os seres humanos, pode cobrir as folhas, reduzindo as capacidades fotossintéticas da planta, e diminuir o valor de mercado dos frutos e plantas afectados. A presença de formigas é um bom indicador de infestação de cochonilhas.

- As populações de cochonilha negra são altamente

influenciadas pelas condições do campo, desde a temperatura e a humidade até ao tipo de planta hospedeira. Condições temperadas com humidade elevada favorecem o crescimento da população de cochonilha negra, e um período prolongado deste tipo de clima pode levar a surtos. De acordo com **Tena *et al.* 2007**, as ninfas de primeiro instar sofrem uma mortalidade elevada quando as temperaturas excedem os 30°C e a humidade relativa é superior a 30%. A cochonilha negra passa o inverno como ninfas de segundo ou terceiro instar, que são mais resistentes às condições climatéricas adversas do que os ovos ou as ninfas de primeiro instar.

A figura mostra o bolor fuliginoso nas folhas e caules da oliveira cultivada *(Olea europaea* L.), indicando a presença da cochonilha negra

8- Gestão:

As populações de cochonilha negra são altamente

influenciadas pelas condições de campo, desde a temperatura e a humidade até ao tipo de planta hospedeira. **Rosen *et al.* (1971)** verificaram que as oliveiras com muitos ramos próximos uns dos outros, especialmente quando plantadas perto de outras árvores, tinham maior probabilidade de se tornarem hospedeiras da cochonilha negra. As árvores que foram podadas severamente ou plantadas afastadas umas das outras têm menos probabilidades de sofrer uma infestação de cochonilha negra. A poda também é útil para reduzir as populações nas árvores infestadas.

As práticas de gestão anteriormente utilizadas podem afetar a dimensão da população de cochonilhas negras e a distribuição etária. A utilização de pesticidas, por exemplo, deve ser programada para a presença da fase de rastejante da cochonilha para ser bem sucedida. Os pesticidas não são eficazes no controlo das cochonilhas adultas porque os produtos químicos não conseguem penetrar no exterior espesso e ceroso dos insectos. Os ovos também não são afectados pelo controlo químico, porque o corpo da fêmea os cobre e protege até eclodirem. O controlo biológico da cochonilha negra é o método de gestão mais promissor, com muitas espécies de parasitóides a serem atualmente utilizadas.

Controlo biológico:

As figuras mostram orifícios de saída em escamas negras adultas, *Saissetia oleae* (Olivier), indicando a presença dos parasitas que ajudam no controlo das escamas negras.

O principal método de gestão da cochonilha negra é o controlo biológico. O controlo biológico clássico é uma estratégia normalmente utilizada para pragas invasoras e envolve a importação dos inimigos naturais da praga invasora da região nativa da praga. As vespas parasitóides *Metaphycus helvolus* (Compere) e *Metaphycus Iounsburyi (*Howard) (Hymenoptera: Encyrtidae), também nativas da África do Sul, foram libertadas para o controlo da cochonilha negra nos campos de oliveiras e citrinos. Embora intimamente relacionados, os parasitóides diferem nas suas histórias de vida. *Metaphycus helvolus ataca* ninfas de segundo ou terceiro instar da cochonilha negra, enquanto *Metaphycus lounsburyi* parasita ninfas de terceiro instar e fêmeas adultas. Estes parasitóides são tipicamente libertados para o controlo da cochonilha negra, embora tenham sido registadas algumas populações estabelecidas

Um estudo do sul da Califórnia sobre parasitóides primários e secundários em *Sassetia oleae* revelou que a abundância de parasitóides variava consoante o local, mas que as mesmas espécies eram encontradas em todo o estado (**Lampson e Morse 1992**). Entre eles estão quatro espécies primárias: *Metaphycus bartletti* Annecke & Mynhardt, *Metaphycus helvolus* (Compere), *Scutellista caerulea* Motschulsky, e *Diversinervus elegans* Silvestri. Os parasitóides secundários registados em toda a Califórnia foram *Marietta Mexicana* (Howard), *Cheilonerus noxius* Compere e *Tetrastichus minutus* (Howard). Nas regiões costeiras, intermédias e interiores do sul da Califórnia, o parasitoide mais abundante observado foi uma espécie de *Metaphycus*.

Embora exista uma variedade de parasitóides aparentemente eficazes, a cochonilha negra continua a ser considerada uma praga economicamente prejudicial dos citrinos e da oliveira e continuam a ocorrer surtos. Os parasitóides, tal como a maioria dos insectos, estão sujeitos a condições ambientais adversas que podem limitar a sua eficácia como agente de controlo. Por exemplo, períodos de tempo excessivamente quente ou seco podem reduzir as populações de parasitóides. Além disso, estes insectos necessitam das ninfas de terceiro instar ou dos adultos para a oviposição, pelo que é necessário sincronizar as populações de parasitóides e de presas.

A não libertação dos agentes de controlo biológico na altura certa pode torná-los inúteis, a não ser que a população se consiga estabelecer. No entanto, para que o parasitoide se estabeleça, tem de ter acesso regular a ninfas e adultos da cochonilha negra, o que sugere que a população de cochonilhas negras no campo pode nunca ser erradicada. Para os agricultores que praticam a Gestão Integrada de Pragas, estes agentes de controlo biológico simplesmente aumentam as medidas de controlo existentes, com o objetivo de manter a população da praga abaixo de um determinado limiar. Neste método, a erradicação total da praga não é uma prioridade, pois não é realista. A melhor utilização dos parasitóides da cochonilha negra seria a libertação de espécies que não competem entre si por recursos, como a preferência por ninfas de diferentes estádios ou adultos.

Vários insectos atacam ninfas de cochonilhas negras. Larvas de escaravelhos, vários insectos que se alimentam das ninfas da cochonilha negra. Larvas de escaravelho, larvas de crisopídeos e tripes foram registados a viver entre as cochonilhas, alimentando-se das ninfas em fase de rastejamento nos olivais **(Applebaum e Rosen 1964; Rosen *et al.* 1971).**

4 - Saissetia coffeae

Saissetia coffeae é tropicopolita e polífaga, sendo uma praga bem conhecida do café, dos arbustos ornamentais e das plantas de estufa. No entanto, até à data, só foi registada como uma praga ocasional da oliveira em Israel e na América do Sul (**Rosen et al., 1971; Gonzalez e Lamborot, 1989**), onde o seu estatuto de praga se deve aos efeitos letais dos pesticidas não selectivos nos seus inimigos naturais.

Taxonomia:

Classe:Insecta

Ordem:Hemiptera

Superfamília:coccidea

Família:coccidae

Subfamília:coccinae

Género:Saissetia

Espécie:Saissetia Cofeae

Nome comum : - Escama castanha do café - Escama hemisférica

Descreve:

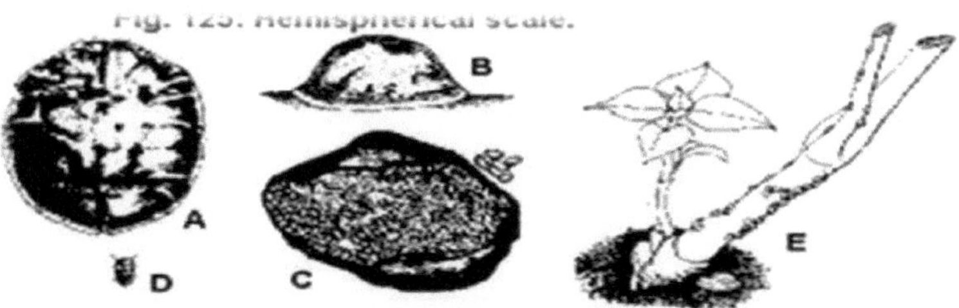

Vê de outra forma a escala de castanho café.

Adulto:-

Dependendo da planta hospedeira, a escama adulta pode variar de tamanho. A escama varia de 4,5 mm em Cycas a 2,0 mm em Asparagus fern. Relativamente hemisférica, castanha, lisa e brilhante, a escama pode assemelhar-se a um capacete militar em miniatura.

As fêmeas jovens podem apresentar um padrão de cristas em forma de letra "H" na superfície dorsal.

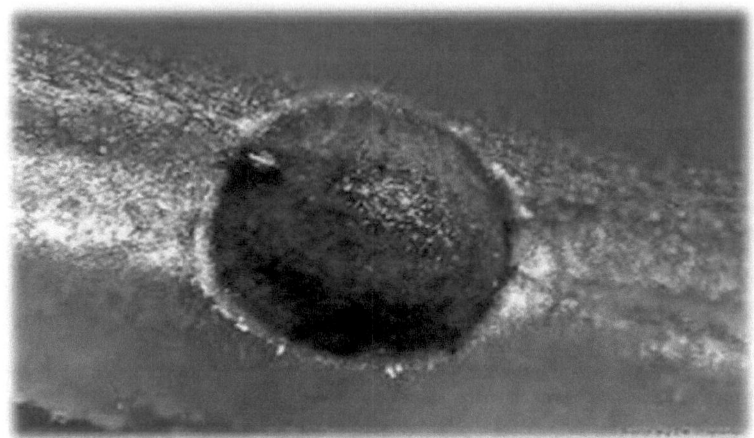

Fêmea adulta de escala hemisférica.

Ovos:- Ovos

Os ovos oblongos, de cor bege-rosada, têm cerca de 0,7 mm de comprimento e são protegidos pelo corpo da mãe numa massa de centenas de ovos. Rastejante - O rastejante achatado, de cor bege-rosada, tem cerca de 1,0 mm de comprimento e dois olhos vermelhos. As antenas e as patas são curtas e finas.

Ninfa:-

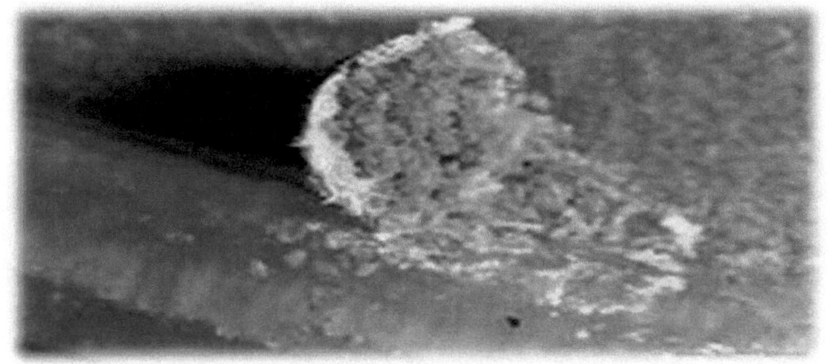

Ninfas de escama castanha café.

As ninfas são semitransparentes, amarelo-claro ou rosa-figo, e achatadas (jovens) a corcundas (mais velhas). Estão tão ligadas à planta hospedeira que as patas e as antenas ficam escondidas. Duas linhas pálidas começam na margem de cada lado e desaparecem em direção ao meio. As ninfas e os jovens adultos podem apresentar o padrão de intensidade H caraterístico do grupo das escamas negras".

Distribui:

A escama hemisférica está distribuída nos trópicos e em algumas áreas subtropicais **(Hill, 1983).** No Havai, esta escala está presente na Ilha Grande, Kauai, Maui e Oahu.

Apresenta-te:

Alta Infestação por *saissetia coffeae.*

-Ampla; café, fruta-pão, citrinos, goiaba, graviola, plantas ornamentais e especialmente cicadáceas e fetos. No Hawaii, é relatada em orquídeas.

As cochonilhas hemisféricas alimentam-se dos sucos da planta e causam uma perda de vigor, manchas na folhagem devido a toxinas na saliva da cochonilha, deformação das partes infestadas da planta, perda de folhas, crescimento retardado da planta e até mesmo a morte da planta (**Dekle, 1965; Reinert, 1974 Beardsley e Gonsalves, 1975; Valand *et al.*, 1989).** Na Índia, estas escamas têm sido responsáveis pela morte prematura de videiras de cabaça pontiaguda. As escamas hemisféricas encontram-se agrupadas nos rebentos, nas folhas e nos frutos jovens das plantas. Muitas vezes estão dispostas numa linha irregular perto da borda da lâmina da folha **(Hill, 1983).**

Infestação pela cochonilha do café.

BIOLOGIA:

Ovo[s] :-

Os ovos são postos debaixo da carapaça da fêmea adulta **(Hill, 1983). Os** ovos são translúcidos ou esbranquiçados logo após a oviposição e depois tornam-se amarelo-pálido e, por fim, laranja **(Ibrahim, 1985).** Medem aproximadamente 0,25 mm de comprimento e 0,13 mm de largura. Um estudo conduzido por Ibrahim (1985) relatou que os ovos eclodiram em 23,6, 20,6, 15,6, 15,4, 13,6, e o

Ninfas:-

Os primeiros instares são chamados de rastejantes. São achatados, ovais, castanho-esverdeados a âmbar pálido, têm seis patas **(Hill, 1983; Ibrahim, 1985**) e têm aproximadamente o mesmo tamanho que os ovos. Esta é a única fase móvel das escamas hemisféricas femininas. Os rastejadores deslocam-se pela área das folhas em busca de um local de alimentação adequado até o encontrarem. Em temperaturas mais quentes, de 22 graus Celsius a 30 graus Celsius, as lagartas instalam-se num local de alimentação em cerca de 2 dias; em temperaturas mais frias, de 18 graus Celsius a 20 graus Celsius, instalam-se em cerca de uma semana. Os restantes dois estádios ninfais são essencialmente estacionários no local selecionado pelo rastejante, só em condições adversas é que as ninfas se deslocam pequenas distâncias **(Hill, 1983).** A cor do corpo dos dois últimos instares varia entre amarelo pálido, castanho esverdeado e rosa escuro (**Hill, 1983; Le Pelley, 1968**). A forma do corpo no segundo e no início do terceiro instar é irregular e plana (**Ibrahim, 1985**). No final do terceiro instar, a escama passa por uma fase de crescimento rápido, até atingir o tamanho do adulto. Consultar **Zimmerman (1948)** para uma descrição pormenorizada das ninfas **(Ibrahim, 1985).**

Adultos:-

A escama fêmea madura tem uma carapaça convexa, castanho-amarelada clara a escura, lisa e polida, em forma de capacete. Quando a cochonilha ocorre em superfícies planas, a carapaça é quase hemisférica, mas em caules pequenos é alongada (Zimmerman A fase adulta é incapaz de se locomover e mede cerca de 2 .(1948 mm) de comprimento **(Hill, 1983).** Consultar **Zimmerman (1948)** **e Beardsley,** ***et al.*** **(1976).**

Ecologia:

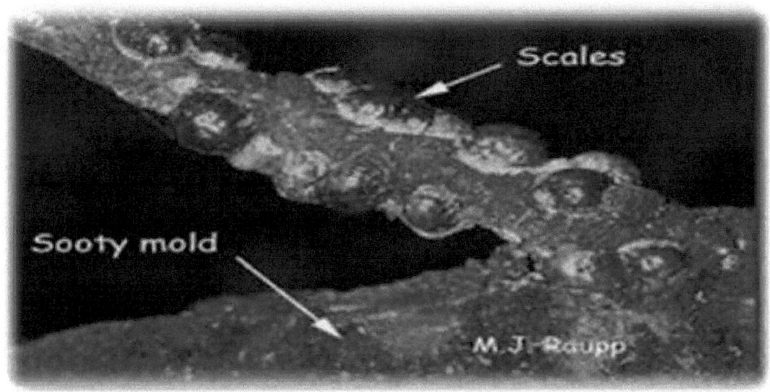

Escama hemisférica em bolor de fuligem.

Uma vez que as fêmeas de cochonilhas armadas não são capazes de vaguear depois de se instalarem e começarem a alimentar-se, a dispersão a longa distância ocorre através do transporte passivo de material vegetal infestado. A dispersão a curta distância ocorre quando as lagartas procuram locais para se instalarem e se alimentarem **(Beardsley e Gonsalves, 1975).** As lagartas podem ser transportadas de um local para outro por pessoas, animais, aves, formigas e correntes de vento **(Dekle, 1965; Beardsley e Gonsalves, 1975)**. O vento é um agente de dispersão e também de mortalidade, uma vez que as lagartas deslocadas pelo vento podem não pousar em plantas hospedeiras adequadas. Os rastejantes machos tendem a instalar-se em grupos; a causa deste facto não é conhecida. Os machos não se alimentam nas duas últimas fases de armadura e depois de saírem da armadura. Os machos adultos têm asas, mas são capazes apenas de um voo fraco ou de transporte pelo vento. Os machos vivem apenas algumas horas, emergindo ao fim da tarde para acasalar. O acasalamento é provavelmente devido à atração por feremonas segregadas pelas fêmeas **(Beardsley e Gonsalves 1975)**. Devido ao seu pequeno tamanho, vida curta e atividade nocturna, é raro encontrar machos adultos no campo.

Importância económica:

É uma praga do café, do chá, dos citrinos, da oliveira e

da gauva, bem como das plantas ornamentais, especialmente do sagueiro, da Cycas revolute Thunberg e de vários fetos. Os seus principais danos são devidos à excreção de grandes quantidades de melada que são colonizadas por bolor negro, contaminando todas as superfícies inferiores. A melada também atrai formigas que protegem a praga dos seus inimigos naturais. Infestações severas e prolongadas reduzem o vigor da planta e podem causar a sua morte.

Gestão:

1-Controlo não químico:

As cochonilhas são geralmente trazidas para situações de estufa com a introdução de material vegetal infestado. Todo o material vegetal que vai para a estufa deve ser cuidadosamente inspeccionado quanto à presença de cochonilhas e de outros insectos antes de ser introduzido **(Copland Ibrahim, 1985).** As árvores infestadas devem receber quantidades óptimas de cobertura vegetal e de fertilizantes para aumentar o seu vigor **(Hill, 1983).**

Vários parasitas conhecidos por atacar esta cochonilha no Havai são *Encyrtus infelix, Encyrtus barbatus*

Timberlake, *Tomocera californica* Howard, e as vespas *Microterys flavus* (Howard), *Scutellista cyanea Motschulsky e Aneristus ceroplastae* Howar **(Zimmerman, 1948).** Vários programas de controlo biológico, intencionalmente planeados para controlar a cochonilha negra (*Saissetia oleae*), foram incidentalmente bem sucedidos no controlo da cochonilha hemisférica na Califórnia, em Guam e no Chile. Uma lista extensa de vespas que são parasitas da cochonilha hemisférica **(Clausen, 1978)** em todo o mundo é dada por **Le Pelley (1968).** A cochonilha hemisférica é geralmente controlada pelos seus inimigos naturais, sendo geralmente necessários tratamentos químicos.

2-Controlo químico

Os pulverizadores são eficazes nas primeiras fases ninfais das cochonilhas. No entanto, o controlo é difícil noutras fases da vida. Os adultos estão firmemente agarrados à planta e permanecem assim mesmo depois da sua morte. As escamas mortas podem dar uma falsa impressão do estado de infestação da praga. Os ovos são protegidos pela cobertura cerosa da mãe e estão ao abrigo de pulverizações químicas. A sensibilidade das plantas às pulverizações químicas também deve ser determinada, uma vez que as cochonilhas são frequentemente pragas de plantas ornamentais sensíveis **(Copland e Ibrahim, 1985).**

-Os produtos químicos utilizados contra as cochonilhas são geralmente os mesmos que são utilizados contra as cochonilhas e podem incluir diazinon, dimetoato, formotão, malatião e nicotina. Sempre que se utiliza um produto químico, consulta sempre o rótulo, para determinar a cultura, a praga, a dose e as precauções adequadas. Uma pulverização de óleo inseticida seguida de uma segunda aplicação 3 a 4 semanas mais tarde é eficaz contra as cochonilhas jovens (Hill, 1983). Os sabões e outros óleos também são eficazes (Le Pelley, 1968)

3-Métodos hortícolas:

Inspeção cuidadosa do material vegetal destinado ao cultivo em estufa e remoção das partes infestadas da planta.

5 - Parasaissetia nigra

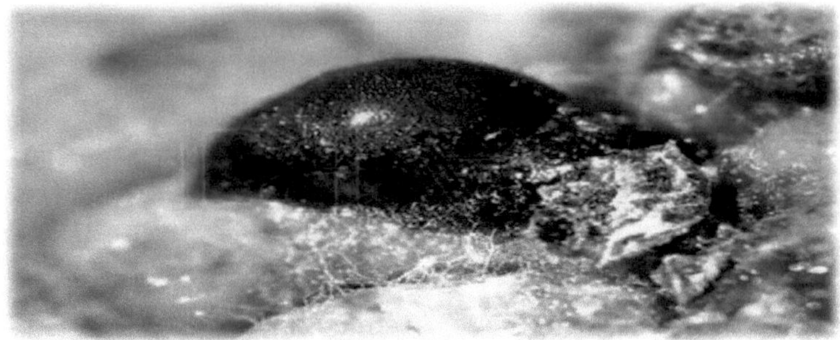

Fêmea adulta *deparasaissetia nigra*

Parasaissetia nigra é polífaga, alimentando-se de plantas hospedeiras de 92 famílias **(Ben-Dov e Miller, 2016)**, particularmente de plantas ornamentais de origem tropical. N Ataca várias culturas agrícolas, incluindo abacate, citrinos, café, algodão, figo, goiaba, manga, romã e outras plantas. As cochonilhas infestam frequentemente as folhas, os ramos e os frutos **(Hamon e Williams, 1984).** As observações sobre o tipo de danos mostraram que as ninfas e as fêmeas da cochonilha *nigra P. nigra* causam danos às plantas hospedeiras com as suas peças bucais perfurantes e sugadoras, sugando a seiva e os nutrientes das folhas e das nervuras do caule, o que acaba por afetar o crescimento das plantas, que muitas vezes ficam atrofiadas, distorcidas e com o vigor reduzido. Além disso, a cochonilha causa danos indirectos ao excretar melada, que fornece um meio para o crescimento de bolores negros, que cobrem as superfícies das folhas, reduzindo a fotossíntese e causando mais danos à planta **(Smith, 1944).**

A reprodução em *P. nigra* é inteiramente partenogenética. A fêmea põe 800 ou mais ovos numa cavidade debaixo do seu corpo e não há machos **(Smith, 1944).** Tem uma geração por ano ao ar livre **(Gill, 1988)**, enquanto **Ben-Dov (1978)** registou até 6 gerações por ano em estufas em Israel. Existem três estádios ninfais, os indivíduos do primeiro estádio são verdes transparentes no início e tornam-se amarelo-rosados transparentes.

Taxonomia:

OrdemHemiptera

Superfamíliaicoccidea

Famíliaicoccidae

Subfamília icoccinae

Genusiparasaissetia

Espécie:parasaissetia nigra

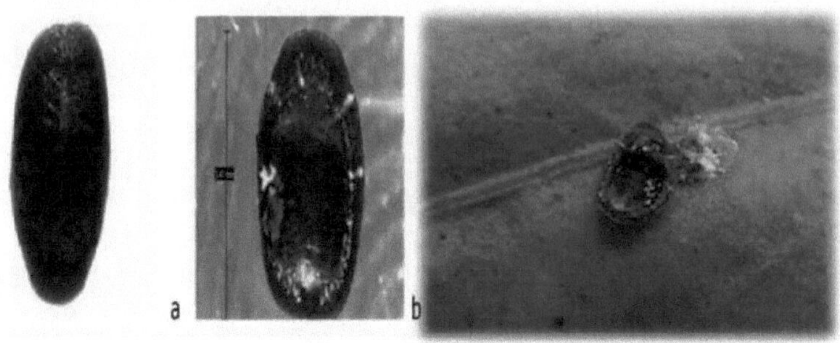

Nome comum - escama da romã - escama de Nigra

Descreve:

As fases iniciais de *P. nigra* podem ser difíceis de separar das de várias outras espécies de escamas moles. Os espécimes imaturos e recém-adultos de *P. nigra* são amarelos translúcidos e ocasionalmente mosqueados. Os rastejantes têm 0,35 mm de comprimento, com dois olhos pretos colocados anterolateralmente; os adultos têm até 5,5 mm de comprimento e 4 mm de largura, inicialmente amarelos, tornando-se muitas vezes brilhantes, castanho-escuros a preto-púrpura com a idade **(Gill, 1988).** A fêmea adulta é alongada - oval, ligeiramente estreitada anteriormente e com 3-4 mm de comprimento. A forma varia consoante o substrato, sendo larga e apenas ligeiramente convexa nas folhas, mas muito mais convexa e alongada nos caules ou nas nervuras centrais das folhas. Os machos não são conhecidos. *P. nigra* não possui o padrão "H" dorsal elevado que é comum na maioria das espécies de *Saissetia,* pelo menos nas ninfas e nos primeiros estádios adultos. É mais alongada e tem uma superfície dorsal mais lisa do que qualquer espécie de

Saissetia **(Hamon & Williams, 1984; Gill, 1988).**

De Lotto (1967) e **Ben-Dov (1978)** apresentam descrições completas e comentários sobre a variação morfológica de *P. nigra* adulta. Os caracteres distintivos das fêmeas montadas em lâminas são a presença de reticulações dorsais e de cerdas dorsais cilíndricas ou capitadas, e a ausência de escleroses tíbio-tarsais e de articulação livre do tarso, bem como de grandes cerdas discais nas placas anais.

Em contraste, os espécimes do género coccídeo *Saissetia*

não têm reticulações dorsais e têm cerdas dorsais afiladas ou cónicas e cerdas discais bem desenvolvidas nas placas anais **(Hamon & Williams, 1984).**

HOSTS:

(Fêmeas adultas de P. *nigra* em folhas de figueira - *(*Fêmeas adultas de *P. nigra)* agregadas ao longo dos ramos da figueira)

P. nigra é polífago, alimentando-se de hospedeiros de 77 famílias de plantas, especialmente de plantas ornamentais de origem tropical, como *Ficus* e *Hibiscus; Heder é* um hospedeiro preferido na Califórnia. Várias culturas agrícolas são atacadas, incluindo abacates, *Annona cherimola,* citrinos, café, algodão, *Croton tiglium,* goiabas, *Hevea brasiliensis, figos, mangas*, papaias e árvores de *Santalum album*. Há indícios que sugerem a existência de várias estirpes, cada uma com diferentes preferências de hospedeiro (Smith, 1944). Na região da EPPO, as plantas lenhosas ornamentais seriam os principais hospedeiros em risco.

P. nigra infesta folhas, galhos, ramos e frutos **(Hamon & Williams, 1984).** As cochonilhas produzem uma melada abundante e pegajosa, sobre a qual se desenvolvem bolores fuliginosos, que cobrem a planta e as superfícies próximas; por vezes, o novo crescimento é atrofiado e a desfoliação pode ser evidente. A melada produzida atrai por vezes as formigas **(Williams & Watson, 1990).**

(a) Ferimento causado por *Parasaissetia nigra* no botão apical de *K. ivorensis,* causando a morte; (b) Corrugação da folha de *K. ivorensis*, causada pelo ataque de *P. nigra.*

DISTRIBUIÇÃO:

A P. nigra é provavelmente originária de África, mas desde então espalhou-se por muitos países em todo o mundo. Podem ocorrer raças geográficas desta espécie **(De Lotto, 1967).** A praga foi encontrada no passado em Taiwan, mas não se encontra aí estabelecida.

<u>Região da EPPO</u>: Bélgica, Egipto, França, Alemanha (não confirmado), Israel, Itália, Portugal (Açores, Madeira), Reino Unido (Inglaterra, em vidro).

<u>Ásia:</u> Bangladesh (não confirmado), Butão, China, Hong Kong, Índia, Indonésia (Java), Israel, Japão, Laos, Malásia (Malásia peninsular, Sabah, Sarawak), Nepal, Paquistão, Arábia Saudita, Singapura, Sri Lanka, Tailândia, Iémen.

<u>África</u>: Angola, Benim, Burquina Faso, Cabo Verde, Chade, Comores, Costa do Marfim, Egipto, Gana, Quénia, Madagáscar, Maurícia, Moçambique, Nigéria, Santa Helena, São Tomé e Príncipe, Seicheles (incluindo a ilha de Aldabra), Serra Leoa, África do Sul, Sudão, Tanzânia (incluindo a ilha de Mafia e Zanzibar), Uganda, Zaire, Zâmbia, Zimbabué (não confirmado). América do Norte.

Biologia:

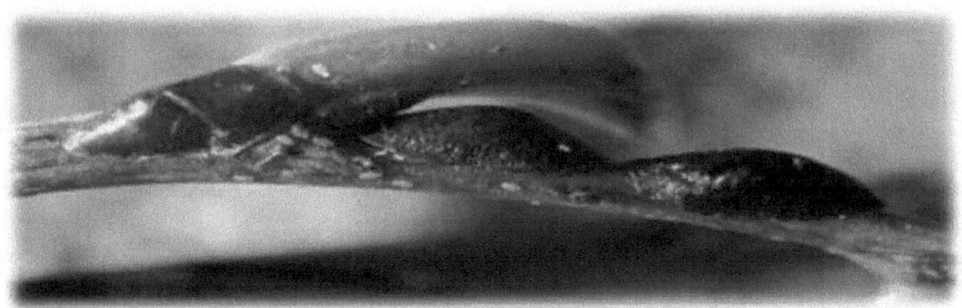

Fêmeas adultas e *Parasaissetia nigra de* primeiro instar em mangue num jardim botânico, Reino Unido

Uma geração, e uma segunda parcial, ocorre por ano ao ar livre na Califórnia e na Flórida, onde as fêmeas passam o inverno como primeiro e segundo instares **(Gill, 1988).** Em estufas em Israel, **Ben-Dov (1978)** registou até seis gerações por ano, com culturas em *Cucurbita pepo* cv. Butternut completam uma geração em 45-60 dias a 24°C. A reprodução é inteiramente por partenogénese (Ben-Dov, 1978), e a oviposição pode ocorrer durante um longo período em climas mais frios (4-10 meses na América do Norte). Oitocentos ou mais ovos são postos sob o corpo da fêmea e aí ficam protegidos durante 1-3 semanas até à eclosão **(Smith, 1944).** Após a eclosão, os primeiros instares ninfais ("rastejantes") afastam-se da fêmea para outra parte da planta, onde se fixam e começam a alimentar-se. No total, existem três instares imaturos.

A produção de melada atinge o seu máximo durante os períodos de crescimento rápido e de oviposição. Ocasionalmente, as formigas podem ser atraídas para as colónias pela melada produzida **(Williams & Watson, 1990);** estas podem dissuadir os inimigos naturais de atacar as escamas. Há indícios que sugerem que podem existir várias estirpes de *P. nigra*, cada uma com diferentes preferências de hospedeiro **(Smith, 1944),** ou que podem existir várias raças geográficas **(De Lotto, 1967).** Os principais factores que restringem a distribuição de *P. nigra* parecem ser as temperaturas extremas, particularmente o calor extremo, e a baixa humidade; mas a espécie pode tolerar uma vasta gama de condições. As condições ambientais influenciam a distribuição das escamas no hospedeiro, uma vez que estas não se instalam em situações expostas se as condições climáticas não forem as ideais **(Smith, 1944**).

Importância económica:

Uma infestação intensa de *P. nigra* pode desvitalizar o hospedeiro diretamente por esgotamento da seiva e por injeção de toxinas. As cochonilhas produzem também uma melada abundante sobre a qual se desenvolvem bolores fuliginosos que cobrem a planta e as superfícies próximas. Este facto limita a fotossíntese, enfraquecendo a planta e, por vezes, impedindo o crescimento de novas plantas e provocando a desfoliação (Smith, 1944). A melada produzida pode atrair formigas que impedem os inimigos naturais de atacar as cochonilhas.

P. nigra é uma praga moderada de plantas ornamentais, especialmente em países tropicais. As plantas em contentores sofrem frequentemente de stress hídrico, o que acelera a desfoliação devida à infestação e, juntamente com o crescimento inestético de bolor fuliginoso, torna o stock invendável **(Smith, 1944).** A cochonilha é também uma praga menor dos citrinos e de muitas culturas agrícolas, tendo sido, por vezes, uma praga importante de *Annona cherimola,* café, algodão, *Croton tiglia,* goiabas, *Hevea brasiliensis*, mangas e papaias (Smith, 1944). Na Índia, *P. nigra* danifica romãs (Jadhav & Ajri, 1984) e, juntamente com o coccídeo *Saissetia coffeae,* é uma praga de árvores *de Santalum album*, causando queda severa de folhas e frutos em anos sucessivos até a morte da árvore (Sivaramakrishnan *et al.*, 1987).

Gerencia:

Controlo biológico:

Os insecticidas normalmente utilizados contra as cochonilhas incluem o diazinão, o dimetoato, o formotião, o malatião e a nicotina, mas a alimentação intermitente e as superfícies cerosas dos insectos tornam-nos difíceis de controlar quimicamente **(Copland & Ibrahim, 1985).** O malatião a 0,1% foi utilizado para controlar quimicamente *P. nigra* em romãs na Índia (Jadhav & Ajri, 1985), mas o uso do inseticida provavelmente mataria todos os parasitóides e impossibilitaria o controlo biológico. Além disso, as plantas ornamentais podem ser afectadas negativamente pelos insecticidas **(Copland & Ibrahim, 1985).** O seu longo período de oviposição em condições menos que ideais torna *P. nigra* resistente à luta química, mas ideal para a luta biológica **(Flanders, 1959).**

Em muitos países onde já foi uma praga, *a P. nigra* é agora controlada com sucesso por inimigos naturais originalmente introduzidos para controlar o coccídeo *Saissetia oleae* **(Bartlett, 1978).** No entanto, a melada produzida pode atrair formigas que impedem os inimigos naturais de atacar as escamas. O agente de controlo mais eficaz da *P. nigra* na Califórnia, *Metaphycus helvolus* (Hymenoptera: Encyrtidae), foi introduzido com vários outros inimigos para controlar *S. oleae*, mas foi mais eficaz contra a *P. nigra* **(Ebeling, 1959)** e reduziu a população a níveis comercialmente sem importância, erradicando a cochonilha em muitas áreas **(Flanders, 1959).** Os parasitas de *P. nigra* no Havai são enumerados por **Zimmerman (1948). Não há** registo de que o controlo biológico de *P. nigra* tenha sido conseguido em estufa.

<u>-Controlo</u> químico: As aplicações de óleos brancos, dirigidas às fases jovens da cochonilha, controlam a praga sem prejudicar os

seus inimigos naturais. Se as formigas visitarem as colónias da praga, pode ser necessário dissuadi-las por meios químicos, como espalhar um pesticida granulado à volta do tronco da árvore.

6 - Eucalymnatus tessellatus

A cochonilha-das-escamas, *Eucalymnatus tessellatus* (Signoret), é uma lacraia mole (Hemiptera: Coccoidea) que se acredita ser nativa da América do Sul. Esta espécie pode ser uma praga em estufas, viveiros comerciais e na paisagem do sul da Flórida **(Dekle, 1973).** As palmeiras, o crepe-jasmim e a manga são alguns dos hospedeiros comuns desta praga na paisagem do sul da Flórida. Esta praga é um hospedeiro comum na paisagem do sul da Flórida.

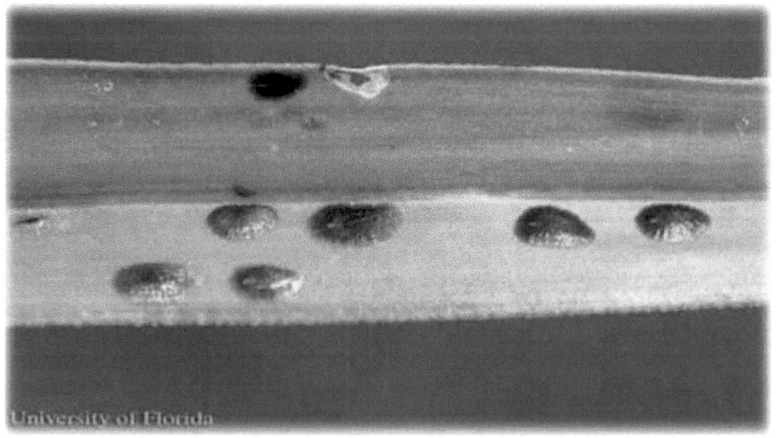

Escama tesselada adulta, *Eucalymnaatus tessellatus*

Taxonomia:

Classe:Insecta

Ordem:Hemiptera

Superfamília:coccidea

Família:coccidae

Subfamília:coccinae

e.g., *Eucalymnatus tessellatus*

Nome Comum: Escama de palmeira_escama estriada

Distribuição :

Esta cochonilha está amplamente distribuída e foi encontrada em África, na Austrália, na América do Norte, Central e do Sul, nas Caraíbas, na Ásia e na Europa. A cochonilha em forma de pastilha foi encontrada em toda a Flórida e é frequentemente encontrada em espécies de palmeiras.

Fêmea adulta de escama tesselada, Eucalymnatus tessellatus (Signoret). Fotografia de Paul Choate, Universidade da Flórida.

Descreve:

O corpo da fêmea adulta é frequentemente ligeiramente

assimétrico, oval ou em forma de pera, medindo 2-5 mm de comprimento e 2-3 mm de largura. Parece achatado quando visto de lado. É de cor avermelhada a castanha escura. Possui placas poligonais esclerotizadas no dorso (superfície superior) com uma crista elevada na área mediana. Não tem capa de cera nem ovisaco. Não se conhecem machos. As pernas são bem desenvolvidas em comparação com a maioria dos insectos de escamas moles **(Hamon e Williams, 1984, Miller *et al.*, 2007)**.

Biologia:

Ocorrem uma ou duas gerações por ano num ambiente natural, mas podem ocorrer gerações mais frequentes e sobrepostas em ambientes de estufa. São partenogénicas (ou seja, reproduzem-se assexuadamente sem acasalamento) e ovovivíparas, o que significa que os ovos eclodem dentro do corpo da fêmea e esta dá à luz jovens cochonilhas vivas ou, em alguns casos, põe ovos que eclodem rapidamente. Esta espécie tem uma taxa de reprodução relativamente baixa entre os insectos cochonilhas, produzindo menos de duas dúzias de crias por fêmea **(Vesey-Fitzgerald, 1940).** Encontram-se geralmente nas folhas e nos caules (Hamon e Williams 1984).

Anfitriões :

A cochonilha pavimentada tem uma vasta gama de hospedeiros que inclui espécies de plantas monocotiledóneas e dicotiledóneas, tais como plantas ornamentais e árvores de fruto.

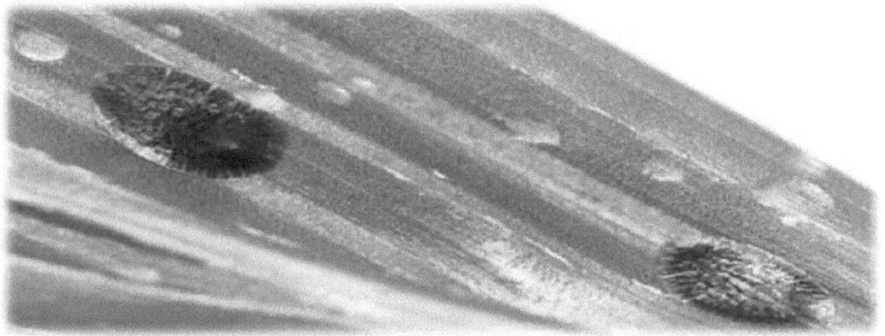

Figura 4. Escama tesselada adulta, *Eucalymnatus tessellatus* (Signoret), infestando palmeira. Fotografia de Forrest Howard, Universidade da Flórida.

-A cochonilha é particularmente comum nas espécies de palmeiras (família Arecaeae) e ataca especificamente as seguintes:

- Areca, canela-amarela, Areca spp.
- Arenga spp.
- palmeiras-rabo-de-peixe, Caryota spp.

- Palmeira Kentia, Howeia forsterana
- coqueiro, Cocos nucifera
- Lantanier jaune, Latania Verschaffeltii
- Palmeira de leque chinês, Livistona chinensis
- Palmeira-ráfia, Nypa fruticans
- Tamareira das Ilhas Canárias, Phoenix canariensis
- tamareira, Phoenix dactylifera
- tamareira miniatura, Phoenix roebelinii
- palmeira-anã, Rhapis spp.
- Palmeira de Washington, Washingtonia spp.

Para além das espécies de palmeiras, alguns outros hospedeiros da cochonilha-de-cheiro incluem espécies das seguintes famílias de plantas:

- Acanthaceae - Sanchezia spp.
- Anacardiaceae - Mangifera indica (manga)
- Apocynaceae - Nerium oleander, Plumeria rubra
- Aquifoliaceae - Ilex cassine (azevinho)
- Araceae - Anthurium spp.
- Caricaceae - Carica papaya (papaia)
- Curcubitaceae
- Lauraceae - Cinnamomum, Laurus, Litsea e Persea spp.

- Moraceae- Ficus spp.
- Myrtaceae - Eucalyptus, Eugenia, e Myrtus spp.; Psidium guajava (goiaba)
- Oleaceae - Jasmim
- Pittosporaceae - Pittosporum spp.
- Rubiaceae - Coffea e Gardenia spp.
- Rutáceas - Citrus spp.
- Sapindaceae - *Euphoria longana* flongan), chinensis (lichia)

-Uma lista completa de referência de hospedeiros está disponível em ScaleNet: Uma base de dados de insectos de escamas do mundo.

Danos gerais nas plantas:

Infestações fortes podem enfraquecer ou mesmo matar uma planta hospedeira. Em viveiros comerciais, as infestações podem assumir importância económica se não forem controladas. Por exemplo, numa plantação densa de coqueiros 'Malayan Dwarf' em Miami, foi observada uma infestação grave de E. tessellatus com até 200 cochonilhas fêmeas maduras por pino. Esta plantação tinha sido pulverizada repetidamente com insecticidas para controlar o pulgão da palmeira, Cerataphis brasiliensis (Hempel), sem grande sucesso, e pensa-se que os tratamentos podem ter interferido com os inimigos naturais tanto dos pulgões como da cochonilha tesselada. A maior parte da folhagem destas palmeiras estava coberta por uma crosta espessa de bolor fuliginoso, que era sem dúvida

apoiado pela melada dos afídeos das palmeiras e da cochonilha **(Howard *et al.* 2001).**

Gestão :

Metaphycus stanleyi (Hymenoptera: Encryptidae) é um inimigo natural comum desta cochonilha. Foi registado um fungo, *Verticillim lecanii* (Zimmerman) Viegas, que ataca E. tessellatus nas Seychelles **(Vesey-FitzGerald 1940).** Trata-se de um fungo cosmopolita que ataca muitos tipos de insectos e que foi desenvolvido como biocida. A gestão geral das cochonilhas começa com a deteção e identificação da praga. As cochonilhas podem ser muito pequenas ou assemelhar-se a organismos patogénicos ou mesmo a estruturas vegetais, o que dificulta a sua deteção. A monitorização regular permitirá a deteção destas pragas antes de os danos serem óbvios e permitirá também um melhor controlo. Todas as partes das plantas, incluindo a parte inferior das folhas e dos caules, devem ser examinadas. A inspeção das plantas antes de as introduzir na paisagem, no viveiro ou na coleção é muito importante para reduzir novas infestações de cochonilhas.

A gestão das cochonilhas pode ser difícil de controlar devido à cobertura de cera que produzem e que proporciona proteção contra muitos dos insecticidas. A poda ou a lavagem de partes de plantas infestadas pode ser útil para reduzir as populações de cochonilhas, particularmente em casos de pequenas infestações.

Um jato de água forte também pode ser útil para remover as cochonilhas das plantas e reduzir a população. As cochonilhas são normalmente atacadas por predadores, parasitas e doenças que podem ajudar a gerir as populações de cochonilhas, particularmente para um controlo a longo prazo. É importante reconhecer a presença de insectos benéficos e tomar medidas para os conservar no ambiente, de modo a que estejam disponíveis para controlar os insectos pragas. Muitas vezes é necessário controlar as cochonilhas com insecticidas, pelo que é importante selecionar os insecticidas, o momento e os métodos de aplicação adequados para reduzir o impacto negativo sobre os inimigos naturais, mas ainda assim obter o máximo controlo. Os insecticidas de contacto proporcionam, geralmente, um rápido abate da praga, mas exigem uma boa cobertura e, normalmente, aplicações repetidas.

A fase mais suscetível aos insecticidas de contacto é a fase de rastejante. O óleo de horticultura e os sabões insecticidas também podem proporcionar um bom controlo, mas devem ser tratados como um inseticida de contacto, o que exige uma cobertura completa e aplicações repetidas. Os insecticidas sistémicos podem constituir excelentes opções para o controlo das cochonilhas e proporcionar alguma flexibilidade no que se refere ao calendário e aos métodos de aplicação. Estes insecticidas movem-se através da planta e constituem uma excelente forma de expor as cochonilhas ao inseticida quando se alimentam da planta. É importante não utilizar os insecticidas em excesso ou de forma incorrecta, o que pode conduzir a numerosos problemas, incluindo a resistência aos insecticidas. Para evitar a resistência aos insecticidas, é fundamental fazer uma rotação entre grupos de insecticidas. A cochonilha é comum nas palmeiras, mas geralmente ocorre em populações muito esparsas, como alguns indivíduos numa fronde ou mesmo numa palmeira inteira. As populações prejudiciais são mais susceptíveis de serem provocadas por uma interferência no controlo natural, como no exemplo acima. Além disso, esta cochonilha pode aparecer em populações densas se for introduzida numa nova região sem os seus inimigos naturais.

7 - Coccus hesperidum

É uma cochonilha mole da família Coccidae com uma vasta gama de hospedeiros. É vulgarmente conhecida como cochonilha castanha. Tem uma distribuição cosmopolita e alimenta-se de muitas plantas hospedeiras diferentes. É uma praga agrícola, particularmente dos citrinos e das culturas comerciais em estufa.

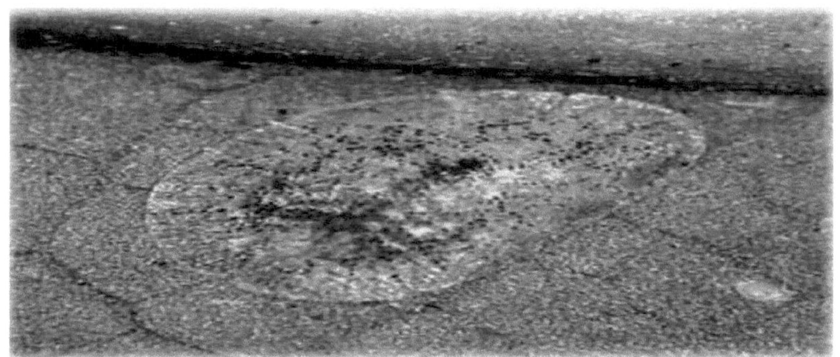

Fêmea adulta de coccus hesperdium

Árvore de taxonomia:

Reino: Animália
Filo: Arthropoda
Classe: Insectos
Ordem: Hemiptera
Superfamília: coccidea
Família: Coccidae
Subfamília :coccinae
Género: *Coccus*
Espécie: Hesperdium

Nome Comum: Escama mole castanha.

Descreve:

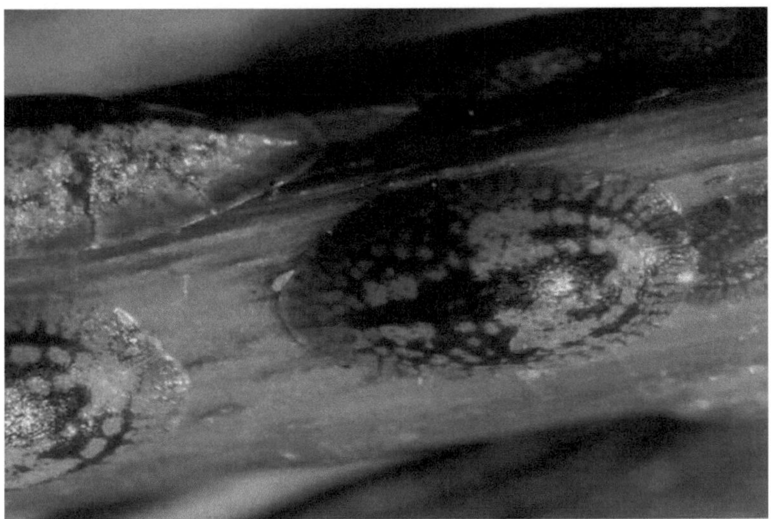

Fêmea adulta de *Coccus hesperdium*

A fêmea adulta da cochonilha é oval e em forma de cúpula, com cerca de 3 a 5 mm (0,12 a 0,20 in) de comprimento. Mantém as patas e as antenas durante toda a sua vida. A sua cutícula é feita de quitina, mas não produz as quantidades abundantes de cera que as escamas blindadas produzem. A sua cor é castanho-amarelada pálida ou castanho-esverdeada, com manchas irregulares castanhas, e escurece com a idade. É raro encontrar insectos machos de escamas moles castanhas.

Apresenta-te:

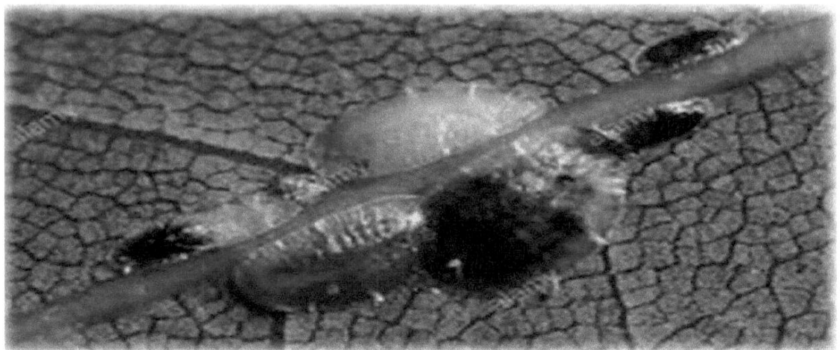

A fêmea adulta da cochonilha castanha ataca várias culturas.

-A cochonilha castanha é polífaga, o que significa que se alimenta de muitas espécies de plantas. Ataca uma grande variedade de culturas, plantas ornamentais e de estufa. No Havai, as plantas hospedeiras incluem citrinos, nêsperas, papaias, seringueiras e orquídeas.

Distribui:

Vive ao ar livre em regiões tropicais e subtropicais e dentro de casa em climas temperados.

Biologia:

A escama mole castanha é ovovivípara e produz crias principalmente por partenogénese. Ao longo da sua vida, a fêmea pode produzir até 250 ovos, alguns dos quais são postos todos os dias. Os ovos ficam retidos no interior do inseto até eclodirem, altura em que emergem pequenas ninfas que são criadas durante algumas horas antes de se dispersarem. Estas ninfas da primeira fase são conhecidas como rastejantes e deslocam-se a uma curta distância da mãe antes de se fixarem e começarem a alimentar-se. Têm peças bucais perfurantes e sugadoras e alimentam-se da seiva da planta hospedeira. Durante o resto da sua vida, são em grande parte sedentários e passam por mais duas fases ninfais antes de se tornarem adultos. Uma geração demora cerca de dois meses e pode haver três a sete gerações num ano, dependendo da temperatura. Ocasionalmente, são produzidos machos, que passam por quatro fases ninfais antes de se tornarem adultos alados. Para obterem todos os nutrientes de que necessitam, as cochonilhas ingerem grandes quantidades de seiva.

Em seguida, segrega o excesso de líquido açucarado sob a forma de melada. Este líquido é atrativo para as formigas que, muitas vezes, cuidam das cochonilhas, afastando os predadores. Normalmente, a cochonilha castanha não mata a planta hospedeira, mas a perda de seiva faz com que ela cresça mais lentamente e tenha uma colheita menos abundante. A principal desvantagem para o hospedeiro é o bolor fuliginoso que cresce na melada. Este reduz a área de folha disponível para a fotossíntese e prejudica o aspeto da planta, das suas flores e dos seus frutos.

Gestão:

Tradicionalmente, a cochonilha castanha tem sido controlada com o uso de pesticidas, mas estes têm a desvantagem de que outros insectos, tanto amigos como inimigos, também são mortos pelo controlo. Outra abordagem nos citrinos consiste em eliminar as formigas das árvores, quer impedindo-as de subir aos troncos, quer destruindo os seus ninhos. Isto permite que os predadores naturais floresçam e mantenham as cochonilhas sob controlo, embora isto possa levar a um aumento temporário da produção de bolor fuliginoso na melada que as formigas já não recolhem. Podem ser utilizados fungicidas para evitar que o bolor fuliginoso se instale. Em alternativa, a utilização de fungos entomopatogénicos, como o *Lecanicillium lecanii,* tem sido utilizada com sucesso em laboratório. Uma abordagem alternativa é a gestão integrada de pragas, na qual se incentivam os inimigos naturais das cochonilhas. Uma outra possibilidade é a utilização de reguladores de crescimento, como a hormona hidroprene, que interrompe a muda dos insectos cochonilhas juvenis.

8 - Milviscutulus mangiferae

A cochonilha da manga, *Milviscutulus mangiferae (*Green) (Hemiptera: Coccidae) é uma espécie muito polífaga, conhecida por se alimentar de 42 famílias diferentes e 82 géneros diferentes de plantas, incluindo papaia *(Carica papaya),* abacate *(Persea americana),* fruta-pão *(Artocarpus altilis), Syzygium* spp, *Vanilla* sp., goiaba *(Psidium guajava),* coco (*Cocos nucifera),* laranja e limão *(Citrus sinensis, C. limon)* **(Williams e Watson, 1990; Garcia Morales et al., 2016). Green (1889)** descreveu a espécie a partir de espécimes recolhidos em mangas no Sri Lanka, e ocorre em todas as zonas tropicais e subtropicais do mundo. Foi encontrada na região do Paleártico Ocidental em Israel **(Kfir e Rosen, 1980; Wysoki et al., 1993; Wysoki, 1997)** e em Itália **(Pellizzari e Porcelli, 2014),** além de ter sido interceptada nos Países Baixos **(Jansen, 1995)** e no Reino Unido **(Anderson e MacLeod, 2008).** Esta cochonilha mole é uma praga grave da mangueira em várias partes do mundo **(Garcia Morales *et al.*, 2016)** e tem um grande potencial para invadir outros países do mundo devido ao seu pequeno tamanho, ampla gama de hospedeiros e associação com plantas que são frequentemente importadas de áreas onde ocorre.

Esta espécie danifica as mangueiras através da alimentação direta dos sucos da planta e da redução da capacidade fotossintética como resultado da sua produção de "melada" e do subsequente crescimento de bolor fuliginoso nas folhas. Infestações pesadas podem resultar na redução do vigor das árvores e do tamanho das folhas, causando amarelecimento das folhas, queda de folhas e morte de ramos **(Pena e Mohyuddin, 1997).**

***Milviscutulus mangiferae* ataca uma variedade de plantas**

Taxonomia:

Classe:Insecta

Ordem:Hemiptera

Superfamília:coccidae

Família:coccidae

Subfamília:coccinae Género: *Milviscutulus*

Espécie: *mangiferae*

Nome comum: Escama da manga ,*Protopulvinaria mangiferae* Verde.

Distribui:

Regiões tropicais e subtropicais.

Plantas hospedeiras:

Polifago, uma praga principalmente da manga e de algumas plantas ornamentais

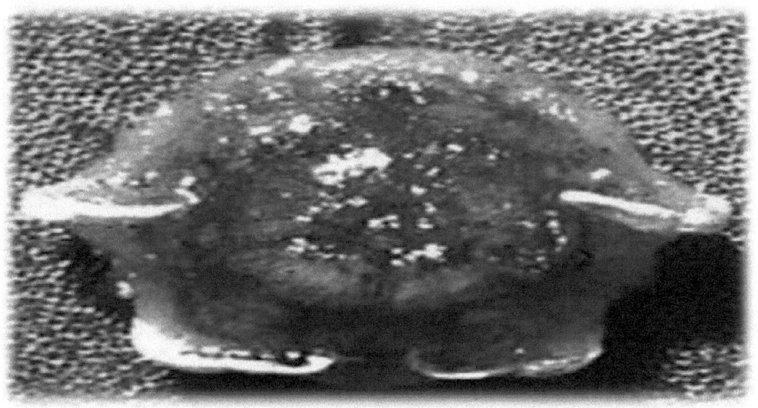

Descreve:
Fêmea adulta de Milviscutulus mangiferae

-Corpo da fêmea achatado, com 4-5 mm de comprimento, coberto por um escudo verde-claro, brilhante, quase transparente, que tende a tornar-se castanho, opaco e algo convexo quando e depois de produzir ovos. Espinhos curtos estendem-se por todo o corpo, antenas com 6-8 segmentos; placas anais com o dobro do comprimento da largura, alargando posteriormente.

Biologia:

Milviscutulus magniferae ataca a folha da manga

Os rastejantes instalam-se na parte inferior das folhas. A praga cria geralmente duas gerações anuais, com picos de população em abril-maio e em setembro, com outra geração completa ou parcial nas regiões mais quentes. A reprodução faz-se por partenogénese e também por via sexual (os machos estão presentes durante todo o ano, embora em número reduzido).

Importância económica:

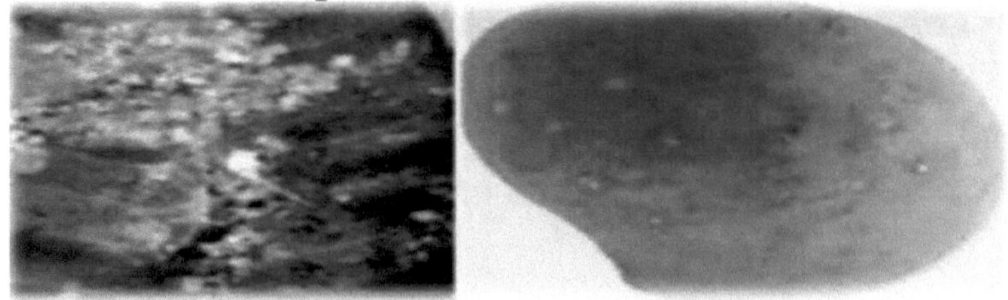

Milviscutulus magniferae danifica a manga

Os danos são devidos à secreção de grandes quantidades de melada, que é colonizada por fungos do género sootymold, cobrindo os frutos e as folhas com uma espessa massa negra. A fotossíntese é reduzida, as folhas podem cair e os ramos secam. O bolor fuliginoso cobre os frutos, reduzindo o seu valor comercial. Infestações muito intensas (mais de 500 escamas/folha) podem causar grandes perdas de rendimento, declínio da árvore e mesmo a sua morte.

Controla:

-Controlo químico: Dado que a praga é frequentemente controlada por inimigos naturais, devem ser feitos esforços para evitar perturbar as suas populações. Assim, apenas os óleos brancos são recomendados para o seu controlo nas plantações de manga, a menos que as suas populações se tornem muito elevadas e destrutivas.

-Controlo biológico: A cochonilha da mangueira é atacada por vários endoparasitóides, dos quais os mais importantes são *Microterys nietneri* (Motschulsky) (anteriormente designado *Microterys flavus* Howard) (Encyrtidae) e *Coccophagus eritraeensis* (Aphelinidae).

Referência s

Beardsley, J.W. Jr. 1966. Insects of Micronesia, Homoptera: Coccoidea Volume Edition. Cambridge University Press; Cambridge, Londres, Nova Iorque, Nova Rochelle. cockerelli (Cooley). Proc. Fla. State Hortic. Soc. 87: 518-520 Valand, V.M., J.I.

Kessing, Jayma L. Martin; Mau, Ronald F. L.; Diez, J. M. 2007. "Escama castanha macia: *Coccus hesperidum* (Linnaeus)" . Mestre do Conhecimento das Culturas.

Baker, James. "Inseto da escama mole castanha (Coccus hesperidum)" . Extensão NC. Arquivado do original em 2014-12-08. Recuperado em 2014-12-08.

Abd-Rabou, S. 1997. Chave para as espécies de moscas brancas do Egipto (Homoptera: Aleyrodidae). Bull. Soc. Ent. Egipto, 75, 38-48.

Abd-Rabou, S. e Evans, G.A. 2018. A escala de escudo de manga, Milviscutulus mangiferae (Green) (Hemiptera: Coccidae), uma nova escala suave invasiva no Egito.

Ata e M.B. Stoetzel. 1976. Workshop sobre Identificação de Insectos de Escama. Apresentado na revista and Weeds: A World Review. Manual de Agricultura 480. Departamento dos Estados Unidos

Anderson, H. e MacLeod, A. 2008. CSL Pest Risk Analysis for *Milviscutulusmangiferae.* fera.defra.gov.uk/phiw/riskRegister/downloadExternalPra.cfm?id=3886

Applebaum SW, Rosen D. 1964. Estudos ecológicos sobre a cochonilha da oliveira, *Parlatoria olaeae,* em Israel. Journal of Economic Entomology 57: 847-850.

Argov Y, Podoler H, Bar-Shalom O e Rosen D. 1987. Criação em massa da cochonilha de cera da Flórida, Ceroplastes floridensis, para a produção de inimigos naturais. Phytoparasitica 15: 277-287.

Argyriou LC, Mourikis PA. 1981. Situação atual das pragas dos citrinos na Grécia. Actas da Sociedade Internacional de Citricultura 2: 623-627.
Argyriou LC, Mourikis PA. 1981. Situação atual das pragas dos citrinos na Grécia. Actas da Sociedade Internacional de Citricultura 2: 623-627.
Barbagallo S. 1981. Controlo integrado das pragas dos citrinos em Itália. Actas da Sociedade Internacional de Citricultura 2: 620-623.
Barbagallo S. 1981. Controlo integrado das pragas dos citrinos em Itália. Actas da Sociedade Internacional de Citricultura 2: 620-623.
Bartlett, B.R. 1978. Coccidae. In: Introduced parasites and predators of arthropod pests and weeds; a world review (Ed. by Clausen, C.P.), pp. 57-74.

Barzman MS, Daane KM. 2001. Comportamentos de manuseio do hospedeiro em parasitóides da cochonilha negra: Um caso de evolução mediada por formigas. Journal of Animal Ecology 70: 237-247. DOI: 10.1046/j.1365- 2656.2001.00483.x

Beardsley, J.W. e R.H. Gonsalves. 1975. The Biology and Ecology of Armored Beardsley, J.W., J.A. Davidson, J.O. Howell, M. Kosztarab, D.R. Miller, S. Nakahara.

Ben-Dov Y. 1993. A Systematic Catalogue of the Soft Scale Insects of the World [Catálogo sistemático dos insectos de escamas moles do mundo]. Sandhill Crane Press, Inc., Gainesville, FL. Flora and Fauna Handbook No. 9. 536 pp.

Ben-Dov, Y. 1978. Taxonomia da cochonilha da nigra *Parasaissetia nigra*

(Nietner) (Homoptera: Coccoidea: Coccidae), com observações sobre a criação em massa e os parasitas de uma estirpe israelita. *Phytoparasitica* 6, 115-127.

Ben-Dov, Y. 1978. Taxonomia da cochonilha da nigra, *Parasaissetia nigra* (Nietner) (Homoptera: Coccoidea: Coccidae), com observações sobre a criação em massa e os parasitas de uma estirpe israelita. *Phytoparasitica,* 6: 115-127.

Ben-Dov, Y. 1993. A Systematic Catalogue of the Soft Scale Insects (Homoptera: Coccoidea: Coccidae) of the World. Flora and Fauna Handbook No. 9. Sandhill Crane Press. 536 pp.

Ben-Dov, Y. 2012. ScaleNet: uma base de dados dos insectos de escala do mundo. (5 de dezembro de 2014).

Ben-Dov, Y. e Miller, D.R. 2016. Base de dados sistemática dos insectos de escamas do mundo. (Versão de dezembro de 2004). *In:* Species 2000 & ITIS Catalogue of Life, 23 de dezembro de 2016 (Roskov Y., Abucay L., Orrell T., Nicolson D., Bailly N., Kirk P., Bourgoin T., DeWalt R.E., Decock W., De Wever A., Nieukerken E. van, eds). Recurso digital em www.catalogueoflife.org/col. Species 2000: Naturalis, Leiden, Países Baixos.

Ben-Dov, Y., Williams, M.L. e Ray,C.H., Jr. 1975. Taxonomia da placa de proteção da manga de Israel (em hebraico com um resumo em inglês).

Bodkin GE. 1927. A cochonilha da figueira *(Ceroplastes rusci* L.) na Palestina. Boletim de Investigação Entomológica 17: 259-263.

Buss EA, Turner JC. 2006. Insectos cochonilhas e cochonilhas em plantas ornamentais. EDIS. (já não disponível online).

CABI. 1982. *Ceroplastes floridensis.* Mapas de distribuição de *pragas* de plantas.

Buss EA e Turner JC. 2006. Insectos cochonilhas e cochonilhas em plantas ornamentais.

CABI. (2011). *Ceroplastes rusci. Mapas de distribuição de pragas de plantas.* (25 de setembro de 2012). Boletim de Investigação Entomológica 31: 253-286.

Clausen, C.P. 1978. Introduziu Parasitas e Predadores de Artrópodes Pragas.

Copland, M.J.W. e A.G. Ibrahim. 1985. Capítulo 2.10 Biologia das cochonilhas de estufa e seus parasitóides. pp. 87-90. In: Biological Pest Control The Glasshouse.

Copland, M.J.W.; Ibrahim, A.G. 1985. Biologia das cochonilhas de estufa e seus parasitóides. In: *Biological pest control. The glasshouse experience* (Ed. por Hussey, N.W.; Scopes, N.E.A.), pp. 87-90. Blandford Press, Poole, Reino Unido. Copyright University of Florida ~ An Equal Opportunity Institution Criaturas em destaque Editora e coordenadora: Jennifer L. Gillett-Kaufman, Universidade da Flórida.

De Lotto, G. 1967. As escamas moles (Homoptera: Coccidae) da África do Sul. I. *South African Journal of Agricultural Science* 10, 781-810.

Dekle GW. 1973. Escama tesselada, Eucalymnatus tessellatus (Signoret). Florida Department of Agriculture, Division of Plant Industry, Entomology Circular 138: 1-2. Divisão da Indústria Vegetal, Departamento de Agricultura da Flórida, Gainesville. 265 pp.

Don Wasik, Jane Medley Número de publicação: EENY-456 Data de publicação: junho de 2009. Última revisão: janeiro de 2016. Revisto em janeiro de 2019.

Drees BM, Reinert JA, Williams ML. 2006. Escamas de cera da Florida: A major pest of hollies and other landscape shrubs and trees. EEE-00023. Texas Cooperative Extension, The Texas A&M University, College Station, TX.

Drees BM, Reinert JA, Williams ML. 2006. Escamas de cera da Flórida: Medidas de controlo no Texas para os azevinhos. L-5479. Texas Cooperative Extension, The Texas A&M University, College Station, TX, 6 pp.

Ebeling, W. 1959. *Subtropical fruit pests,* 436 pp. Divisão de Ciências Agrícolas da Universidade da Califórnia, Los Angeles, CA, EUA. EDIS. (já não disponível em linha)

Entomologia 10: 1-16.

Hussey, N.W. e N. Scopes. Cornell University Press; Ithaca, Nova Iorque. Flanders, S.E. 1959. Controlo biológico de *Saissetia nigra* (Nietn.) na Califórnia. *Journal of Economic Entomology* 54, 596-600. Florida Department of Agriculture and Consumer Services, Division of Plant Industry.

Futch SH, McCoy Jr CW, Childers CC. 2009. Um guia para a identificação de insectos cochonilhas. *EDIS.* (22 de agosto de 2018).

Garcia Morales, M., Denno, B. D., Miller, D. R., Miller, G. L., Ben-Dov, Y. e Hardy, N. B. 2016. ScaleNet: Um modelo baseado na literatura de biologia e sistemática de insetos de escala. Base de dados. doi: 10.1093/database/ bav118. http://scalenet.info [acedido em 2/11/2017].

Gill RJ. 1988. The Scale Insects of California Part 1. The Soft Scales (Homoptera: Coccoidea: Coccidae). Technical Services in Agricultural Biosystematics and Plant Pathology, California Department of Food and Agriculture, 1: 132 pp.

Gill, R.J. 1988. Os insectos cochonilhas da Califórnia. Parte 1. As cochonilhas moles (Homoptera: Coccoidea: Coccidae). *Serviços Técnicos em Biossistemática Agrícola e Patologia Vegetal, Departamento de Alimentação e Agricultura da Califórnia* 1, 1-132.

Gimpel Jr WF, Miller DR, Davidson JA. 1974. Uma revisão sistemática das cochonilhas de cera, género *Ceroplastes,* nos Estados Unidos (Homoptera: Coccoidea: Coccidae). Agricultural Experiment Station Miscellanous Publication 841, Universidade de Maryland. 85 pp.

Gossard H A. 1900. Some common Florida scales. Estação de Experimentação Agrícola da Florida. Bulletin No. 51. 117 pp.

Green, E. E. 1889. Descreve duas novas espécies de *Lecanium* do Ceilão. Entomologist's Monthly Magazine 25, 248-250.

Hamon AB, Williams ML. 1984. Arthropods of Florida and neighboring land areas, Vol. 2. Florida Department of Agricultural and Consumer Services, Division of Plant Industry.

Hamon AB, Williams ML. 1984. Arthropods of Florida and Neighboring Land Areas, Vol. 11.The soft scale insects of Florida (Homoptera: Coccidea: Coccidae). Departamento de Agricultura e Serviços ao Consumidor da Florida. Contribuição 600. Departamento de Agricultura da Flórida, Gainesville. 194 pp. ITIS. 2014. (Olivier, 1791). Sistema Integrado de Informação Taxonómica. (15 de agosto de 2014).

Hamon AB, Williams ML. 1984. Arthropods of Florida and Neighboring Land Areas:

Hamon, A. B. e Williams, M. L. 1984. The soft scale insects of Florida (Homoptera: Coccoidea: Coccidae). Arthropods of Florida and neighboring land areas. Florida Department of Agriculture and Consumer Services, Gainesville, Florida, 11, 194 p.

Hamon, A.B. e Williams, M.L. 1984. Os insectos de escamas moles da Florida (Homoptera: Coccoidea: Coccidae). Arthropods of Florida and neighboring land areas, 11. 94 pp.

Hill, D.S. 1983. Agricultural Insect Pests of the Tropics and Their Control, Second Hodges A, Hodges G, Buss LJ, Osborne L. (2005). Mealybugs and mealybug.

Hodges GS, Ruter JR, Braman SK. 2000. Suscetibilidade de espécies, híbridos e cultivares de *Ilex* à cochonilha da Flórida. Jornal de Horticultura Ambiental 19: 32-36.

Howard FW, Moore D, Giblin-Davis RM, Abad R. 2001. Insectos das palmeiras. CABI Ibrahim, A.G. 1985. Os Efeitos da Temperatura no Desenvolvimento da Escama Hemisférica, *Saissetia coffeae* (Walker). Pertanika. 8(3): 381-386.

Jadhav, S.S.; Ajri, D.S. 1984. História de vida de *Scutellista cyanea,* um parasita externo de ovos da cochonilha da romã. *Journal of Maharashtra Agricultural Universities* 9, 248-249.

Jadhav, S.S.; Ajri, D.S. 1985. Controlo químico de insectos cochonilhas na romã em Maharashtra. *Indian Journal of Entomology* 47, 6365.

Johnson WT, Lyon HH. 1991. Insectos que se alimentam de árvores e arbustos, 2ª ed.. Cornell University Press. 356 pp.

Lampson LJ, Morse JG. 1992. Um levantamento dos parasitóides da cochonilha negra, *Saissetia oleae* (Hom.: Coccidae) (Hym.: Chalcidoidea) no sul da Califórnia. Entomophaga 37: 373-390.

Le Pelley, R.H. 1968. Pests of Coffee (Pragas do café). Longmans, Green and Co. Ltd.; Londres e Miller DR, Rung A, Venable GL, Gill RJ. 2007. Insectos de escamas: Identification tools,Number 7. Imprensa do

Museu Bernice P. Bishop, Honolulu. 562 páginas

Patel e D.M. Mehta. 1989. Biologia da cochonilha castanha na cabaça pontiaguda (Trichosanthes dioica). Indian J. Agric. Sci *(Saissetia coffeae)* . 2- Dekle, G. W. 1965. Arthropods of Florida Vol. 3, Florida Armored Scale Insects. Harlow. 590 páginas.

Metcalf, R.L. 1962. Destructive and Useful Insects Their Habits and Control McGraw-Hill Book Company; Nova Iorque, São Francisco, Toronto, Londres. 1087 páginas.**Pellizzari G. 1997.** Insectos de escamas moles: sua biologia, inimigos naturais e controlo. World Crop Pests 7: 217 229

.

Einert, J. A. 1974. Gestão da cochonilha do falso oleandro, Pseudaulacaspis

Rosen D, Harpaz I, Samish M. 1971. Duas espécies de *Saissetia* (Homoptera: Coccidae) prejudiciais à oliveira em Israel e os seus inimigos naturais. Israel Journal of Entomology 5: 35-53. escala, *Protopulvinaria mangiferae* (Green) (Homoptera: Coccidae). Revista Israelense de Sivaramakrishnan, V.R.; Nagaveni, H.C.; Rajamuthukrishnan (1987) Má fixação de sementes em sândalo (*Santalum album* L.). *Myforest* 23, 101-103; 243-244.

Smith, R.H. 1944. Bionomics and control of the nigra scale, *Saissetia nigra. Hilgardia* 16, 225-288.

Swailem SM, Awadallah KT. 1973. Sobre a abundância sazonal da fauna de insectos e ácaros nas folhas de figueiras de sicómoro. Bulletin de la Société Entomologique d'Egypte 57: 1-8

Swirski, E., Wysoki, M. e Izhar, Y. 2002. Pragas de frutos subtropicais em Israel. Laboratório de Entomologia Sistemática de Frutas USDA-ARS.

Talhouk AMS. 1975. Pragas dos citrinos em todo o mundo. Ciba-Geigy

Agrochemicals, Basileia, Suíça. Monografia Técnica No. 4. 21 páginas.

Tena A, Soto A, Garcia-Mari F. 2007. Complexo de parasitóides da cochonilha negra *Saissetia oleae* em citrinos e azeitonas: Composição de espécies de parasitóides e tendência sazonal. BioControl 53: 473-487.

Tena A. 2007. Densidade e estrutura das populações de *Saissetia oleae* (Hemiptera: Coccidae) em citrinos e azeitonas: Importância relativa das duas gerações anuais. Environmental Entomology 36: 700706. https://www.ncbi.nlm. nih.gov/pubmed/17716461 The Soft Scale Insects of Florida (Homoptera :Coccoidea: Coccidae).

Vesey, D. 1940. The control of Coccidae on coconut in the Seychelles.

Vu NT, Eastwood R, Nguyen CT, Pham LV. 2006. A cochonilha da figueira *Ceroplastes rusci* (Linnaeus) (Homoptera: Coccidae) no sudeste do Vietname: Situação da praga, história de vida e ensaios de biocontrolo com *Eublemma amabilis* Moore (Lepidoptera: Noctuidae). Investigação Entomológica 36: 196-201. (28 de julho de 2014).

Williams, D.J. 1957. The Status of Coccus palmae Haworth and the Identity of Williams, D.J.; Watson, G.W. (1990) *The scale insects of the tropical South Pacific region. Parte 3. As cochonilhas moles (Coccidae) e outras famílias,* 267 pp. CAB International, Wallingford, Reino Unido. **Zimmerman, E.C. 1948.** *Saissetia hemisphaerica* (Targioni- Tozzetti).

Homoptera: Sternorhyncha. *Insectos do Hawaii* 5, 1-464.

Resumo

As cochonilhas moles (Hemisfério: Cicadae) são pequenos insectos herbívoros que se encontram em todos os continentes, exceto na Antárctida, e que são extremamente invasivos e muitas espécies são pragas agrícolas graves. Algumas das cochonilhas são úteis com valor económico e outras são nocivas, prejudicando as plantas, o que é determinado pelo tipo de cada inseto e pelo seu ciclo de vida. É a terceira maior família da superfamília (Coccidian), depois das cochonilhas armadas e das cochonilhas:

1- *Ceroplastes floridensis* :(escama de cera da Flórida)

As fêmeas adultas da cochonilha da Flórida são elípticas, marrom-avermelhadas, com um processo anal curto, coberto por uma espessa camada de cera branco-rosada. Os machos não são conhecidos nesta espécie e têm três gerações por ano, infestando o avoado, a pimenteira-do-brasil e a falsa Aralia.

2- *Ceroplastes rusci*: (escama de cera de *figo*)

Esta escama está profundamente envolta em cera cinzento-rosada, que se divide em três placas de cera de cada lado, com placas adicionais nas extremidades anterior e posterior. A única placa dorsal grande tem um núcleo central. As placas dorsal e lateral estão separadas umas das outras por linhas vermelho-escuras que são a cor do corpo da escama por baixo da cera.

3- *Saissetia oleae*: (escama *negra*)

Fêmea adulta de *Saissetia oleae* (Olivier) em oliveira cultivada

(Olea europaeaL.). É considerada um dos três principais parasitas fitófagos da oliveira. As populações de cochonilha negra são muito influenciadas pelas condições de campo, desde a temperatura e humidade até ao tipo de planta hospedeira.

4- *Saissetia cofeae:(* escama castanha café)

É tropicopolitana e polífaga e é uma praga bem conhecida do café, dos arbustos ornamentais e das plantas de estufa. É relativamente hemisférica, castanha, lisa e brilhante, a escama pode assemelhar-se a um capacete militar em miniatura. As fêmeas jovens podem apresentar um padrão de cristas em forma da letra "H" na superfície dorsal. Ataca o café, a fruta-pão, os citrinos, a goiaba, a graviola e as plantas ornamentais.

5- *Parasaissetia nigra*:(Escama Nigra)

As fases iniciais de *P. nigra* podem ser difíceis de separar das de várias outras espécies de escamas moles. Os espécimes imaturos e recém-adultos de *P. nigra* são amarelos translúcidos e ocasionalmente mosqueados. As escamas produzem uma melada abundante e pegajosa, na qual se desenvolvem bolores fuliginosos que cobrem a planta e as superfícies próximas.

6- *Eucalymnatus tessellatus*:(escama de palmeira)

O corpo da fêmea adulta é frequentemente ligeiramente assimétrico, oval ou em forma de pera. Parece achatado quando visto de lado. É de cor avermelhada a castanha escura. Apresenta placas poligonais esclerotizadas no dorso (superfície superior) com uma crista elevada na zona mediana. Não possui capa de cera nem ovisaco. Não se conhecem machos. As pernas são bem desenvolvidas em comparação com a maioria dos insectos de escamas moles.

7- *Coccus hesperidum: (*escama mole *castanha*)

A fêmea adulta da cochonilha é oval e em forma de cúpula. Mantém as patas e as antenas durante toda a sua vida. A sua cutícula é feita de quitina, mas não produz as quantidades abundantes de cera que as escamas blindadas produzem. A sua cor é castanho-amarelada pálida ou castanho-esverdeada, com manchas irregulares castanhas, e escurece com a idade. É raro encontrar insectos machos de escamas moles castanhas. A cochonilha castanha é polífaga, o que significa que se alimenta de muitas espécies de plantas. Ataca uma grande variedade de culturas, plantas ornamentais e de estufa. No Havai, as plantas hospedeiras incluem citrinos, nêsperas, papaias, seringueiras e orquídeas.

8- *Milviscutulus mangiferae:(*Escama do escudo da manga)

Corpo da fêmea achatado, com 4-5 mm de comprimento, coberto por um escudo verde-pálido, brilhante, quase transparente, que tende a tornar-se castanho, opaco e algo convexo quando e depois de produzir ovos. Espinhos curtos estendem-se por todo o corpo, antenas com 6-8 segmentos, placas anais com o dobro do comprimento da largura, alargando-se posteriormente.

Recomendações

- ✓ Termino este livro sobre insectos de escamas moles, que é um tema interessante e útil para discutir e aprender.
- ✓ Sugiro que se façam mais estudos sobre as cochonilhas moles, especialmente as de grande importância económica, para conhecer em detalhe cada tipo, o que nos ajudará a saber como controlar cada tipo.
- ✓ Na gestão, há que ter em conta que o controlo químico é um método ao qual não se deve recorrer devido aos seus grandes danos para o ambiente e para as formas de vida na Terra
- ✓ Na minha opinião, devemos estudar as flutuações sazonais e a densidade numérica dos tipos mais importantes de espécies de insectos e a sua relação com as tendências originais para determinar a direção mais afetada e tirar partido disso no caso de recorrer ao controlo desta praga.

- ✓ Penso que o estudo dos insectos de escamas moles facilitou o estudo da evolução dos sistemas genéticos, da endo simbiose e das interacções planta-inseto.

Printed by Books on Demand GmbH, Norderstedt / Germany